"三农"培训精品教材

绿色蔬菜栽培管理技术

● 王丽川　王　玲　王瑞音　李　腾　井润梓　邰凤雷　主编

中国农业科学技术出版社

图书在版编目（CIP）数据

绿色蔬菜栽培管理技术／王丽川等主编．－－北京：中国农业科学技术出版社，2024.6
ISBN 978-7-5116-6757-1

Ⅰ．①绿…　Ⅱ．①王…　Ⅲ．①蔬菜园艺　Ⅳ．①S63

中国国家版本馆 CIP 数据核字（2024）第 071466 号

责任编辑　马雪峰　周　朋
责任校对　王　彦
责任印制　姜义伟　王思文

出 版 者　中国农业科学技术出版社
　　　　　北京市中关村南大街 12 号　　邮编：100081
电　　话　（010）82106630（编辑室）　　（010）82106624（发行部）
　　　　　（010）82109709（读者服务部）
网　　址　https://castp.caas.cn
经 销 者　各地新华书店
印 刷 者　北京中科印刷有限公司
开　　本　140 mm×203 mm　　1/32
印　　张　5
字　　数　140 千字
版　　次　2024 年 6 月第 1 版　　2024 年 6 月第 1 次印刷
定　　价　33.00 元

《绿色蔬菜栽培管理技术》
编 委 会

前　　言

绿色蔬菜生产直接关系到人民群众的身体健康和生命安全。

绿色蔬菜生产是一个系统工程，涉及土壤营养、栽培模式、病虫害防治等多个方面。为切实保障国民的餐桌安全，进一步普及和推广绿色蔬菜生产技术，我们组织一线农业技术人员，面向广大菜农和从事蔬菜生产的技术人员、管理者，编写了《绿色蔬菜栽培管理技术》一书，从常见蔬菜的栽培管理、病虫害防治等环节，对优选抗病品种和优质有机肥、生物菌肥、水溶肥料的使用以及农药的使用品种、用量、安全间隔期等绿色生产关键技术进行了总结、梳理，推广介绍了滴灌、喷灌、防虫网、防晒网、测土施肥、高温闷棚、烟雾熏蒸和嫁接等应用技术，力求贴近实际、通俗易懂，期待能为蔬菜生产者开发绿色蔬菜提供参考和帮助。

我国地域辽阔，作物栽培环境条件复杂，病虫草害区域分化明显，书中提供的化学防治方法仅供参考，实际防治效果和对作物的安全性可能会因特定的使用条件而有较大差异。因此，建议生产者结合当地生产实际，在先行先试的基础上再大面积推广应用，以免因药效或药害问题带来损失。

在本书编写过程中，编者参考引用了一些专家的文献资料，在此表示感谢！

受编者水平所限，加上时间较仓促，书中难免会出现疏漏和错误，不当之处敬请有关专家、科技人员和广大农民朋友批评指正，衷心希望你们提出宝贵意见，以便改进。

编者

2024 年 3 月

目　　录

第一章　瓜类蔬菜绿色生产技术

第一节　西瓜绿色生产技术

一、品种选择

选择标准以西瓜中心含糖量高、口感好、抗病、耐裂、货架期长为原则，春季种植还需要考虑品种的耐低温特性。

小型礼品西瓜品种：京美 2K、京彩 1 号、彩虹瓜之宝、豫艺黄妃、墨童等。

早熟优质中果型西瓜品种：甜王、华欣 2 号、纯品 8424、世雷 707、国豫九等。

二、用种量、育苗期

（一）用种量

每亩①用种量 100~150 克。

（二）育苗期

不同栽培模式的育苗期如下。

---

① 　1 亩≈667 米²。全书同。

1. 早春温室栽培

12月上旬在日光温室内采用电热温床育苗，苗龄55~60天，3叶1心移栽。预计可在翌年4月中下旬上市。

2. 大棚多层覆盖栽培

由于前期温度较低，为促进西瓜生长发育，多采用嫁接育苗。育苗时间一般在12月底至翌年2月初播种，苗龄45~50天。预计5月上中旬即可上市。

3. 小拱棚栽培

一般在2月中下旬播种育苗，苗龄30~35天，6月上中旬上市。

4. 秋大棚栽培

一般在7月上中旬，多采用穴盘基质育苗，育苗前苗床要搭建拱棚，降雨时覆盖薄膜，雨停撤膜。晴天苗床每天9:00—16:00，覆盖遮光率为50%的遮阳网。由于夏季温度高，幼苗生长快，一般苗龄12~15天、2叶1心至3叶1心时移栽，从播种到成熟全生育期只有70~75天。

三、种子处理

（一）播前晒种

播种前选晴朗无风天气，把种子摊在报纸等物体上，使其在阳光下暴晒4~6小时，可杀死种子表面的病菌，也可明显提高种子发芽势和发芽率。

（二）温汤浸种

先在清水中揉搓、淘洗干净种子表面的果胶、糖分黏液等杂质。

将种子放入 55℃ 的热水中不停搅拌，保持水温 15 分钟，水温降至 30℃ 时停止搅拌，再浸种 8~10 小时。

（三）药剂防治

为减少种传病毒病的发生，可在浸种时采用化学药剂进行消毒处理。

预防病毒病，用 1% 高锰酸钾溶液或 10% 磷酸三钠溶液浸种 20 分钟。

药剂浸种消毒时间一定要适宜，不可过长，消毒后须用清水冲洗干净种子表面残留的药剂，然后在常温清水中浸种。

四、催芽

用稍拧不滴水的干净湿毛巾或棉布，把浸好的种子均匀平铺其上，然后卷起，放入塑料袋或催芽盒中保湿，在 25~32℃ 的环境中催芽。可用恒温箱、电热毯及其他加温设施。无籽西瓜因其种皮厚、胚发育差、生命力弱，催芽前还需破壳。

每隔 8~10 小时用 25℃ 清水淘洗 1 次。一般 36 小时即可"露白"，催芽长度以不超过种子长度为宜。

五、育苗床准备

（一）铺设地热线

冬春季节育西瓜苗，温度是决定种子出苗的关键因素。因此，建议采用地热线加温育苗，并使用控温仪控温，做到有备无患。在苗床内按间距 7~8 厘米铺设功率为 1 000 瓦的地热线，每 100 米地热线约铺 8 平方米。

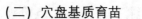

（二）穴盘基质育苗

1. 消毒

如果是旧穴盘重复利用，需提前用高锰酸钾1 000倍液浸泡30分钟消毒，消毒后的穴盘使用前必须彻底洗净晾干。消毒基质，每50千克基质掺入枯草芽孢杆菌1 000亿CFU/克或40%多菌灵20克，拌匀消毒备用。

2. 装盘

调节含水量至60%左右（用手攥紧有少量水渗出），然后将基质装入合适的穴盘中；用刮板从穴盘一方刮向另一方，使每穴都装满基质，而且各个格室清晰可见。

3. 压盘

用同样规格、装满基质的穴盘，每5~6张垂直叠放压盘，使孔穴内基质下陷0.8~1厘米以备播种。

六、播种

（一）播种覆盖

将种子（或种芽）按每穴1粒播于（平放）压好的孔穴中心，覆盖掺入蛭石的基质（轻度压实，使种子和基质接触紧密，厚度1~1.5厘米），刮盘使基质面与盘面相平，然后摆于苗床中，苗床上可铺地布或地膜，防止根系扎入土中，影响缓苗。

（二）浇水、覆膜

用带细孔喷头的喷壶浇透水，忌大水漫灌把种子冲出穴盘，然后盖一层地膜升温保墒（夜晚可增加保温覆盖物）。

夏秋高温季节，苗床要用遮阳网覆盖遮阴降温。

七、苗床管理

西瓜苗床管理的主要任务是调节温度、湿度和光照等，为秧苗生长创造适宜的环境条件，培育出适龄壮苗。

（一）温度管理

苗期各阶段适宜温度见表1。

表1　西瓜苗期各阶段适宜温度

时段	播种至出苗	出苗至第1片真叶	第1片真叶至3叶1心
白天	28～30℃	22～25℃	25～28℃
夜间	不低于20℃	12～15℃	15℃左右

定植前7～10天，降温防风炼苗准备定植。

可采取育苗棚加大放风、延长白天通风时间、早揭晚放棉被或草苫等措施进行低温炼苗，使苗床温度逐渐降低。白天气温控制在25℃，夜间气温逐渐从18℃左右降到12℃左右，可以促进扎根，增强瓜苗抗冻抗病能力。同时，适当减少浇水次数和浇水量，进行控水处理，以提高幼苗对环境的适应性和抗逆性，提高瓜苗移栽后的成活率。在炼苗期间若遇寒流、大风等情况，仍需给苗床增加保温措施，防止幼苗受冻。

（二）水分管理

齐苗后喷水固根，以后根据苗情喷水，浇水宜在晴天上午进行，喷水后注意及时通风排湿。

（三）病害防治

幼苗生长过程中注意升温保温，通风排湿，预防苗期猝倒病、立枯病。

（四）壮苗标准

幼苗具有 2~4 片真叶 1 心，株高 5~7.5 厘米，叶色浓绿，根系嫩白。

八、定植前准备

（一）前茬及轮作

西瓜要求疏松透气的肥沃土壤，选择土层深厚、肥沃、结构疏松、排灌方便的砂质壤土，有利于获得优质高产。前茬以种植大田作物及葱蒜类蔬菜为好。西瓜连作产量明显下降，而且容易遭枯萎病的毁灭性危害。因此，选地时还要严格避免连作，轮作年限一般为 5~7 年。

（二）施肥

西瓜是典型的喜钾、喜硫作物，每生产 1 000 千克西瓜果实，需氮 2.5~3.2 千克、磷 0.8~1.2 千克、钾 2.9~3.6 千克，以及硫、钙、镁各 1 千克。

按西瓜种植行距作爬蔓畦和播种畦。爬蔓畦要求平整。播种畦的做法是先挖沟施肥（丰产沟），再做龟背畦。小拱棚栽培按行距 1.8~2 米，挖宽约 80 厘米、深 30~40 厘米的瓜沟，每亩施腐熟的优质农家肥 2 000~3 000 千克或生物有机肥 200~250 千克、磷酸二铵 30 千克、硫酸钾 20 千克，忌用氯化钾型复合肥。将所有基肥与挖出的田土均匀回填到瓜沟内（可旋耕丰产沟两遍，使土、肥混匀），在瓜沟上做成宽约 60 厘米、高 10~15 厘米的高垄，呈龟背状。

根据播期适时浇水造墒，适墒时耙平垄面，亩用 33%二甲戊灵 150~200 毫升喷雾封闭畦面，防治杂草。铺设滴灌带，覆盖地膜，插小拱棚竹架等备播。

（三）设防虫网、铺设银灰膜阻虫

棚室栽培在通风口设置 20～30 目尼龙网纱，阻止蚜虫、蓟马、烟粉虱等害虫迁入。地膜覆盖采用银灰色地膜，有利于驱避蚜虫、蓟马、烟粉虱等害虫。

九、定植

（一）时间

定植过早，由于温度低，瓜苗不仅生长缓慢，而且容易受到冷害和冻害；定植过晚，则果实成熟也晚，削弱了早熟栽培的作用。当深约 10 厘米的土壤温度稳定通过 12℃，棚内平均气温稳定通过 15℃，凌晨最低气温不低于 5℃ 时，即可选"冷尾暖头"的晴天上午定植，确保定植后连续 2 天以上的晴朗天气，尽量提升地温，促使瓜苗快速生长新根和缓苗成活。

（二）方法

定植时按预定的株距深度打好定植穴，穴深与营养钵高相同为宜，一般 6～8 厘米，穴内浇水，将幼苗从营养钵中倒出，将苗坨放入穴内，此过程应防止散坨，待水下渗后覆土掩盖。为保障定植质量，可采用 2 次浇水、覆土。

移栽定植一定注意定植深度，瓜苗定植深度以营养土表面埋入土中 1 厘米左右为宜，过深土壤升温和透气差，过浅不易保湿，这些均会影响西瓜根部发育，导致西瓜生长缓慢。特别是嫁接西瓜苗，嫁接口要高出地面 1～2 厘米。定植过深使西瓜（接穗）下胚轴部分接触土壤而产生自生根，使嫁接失去意义。

缓苗水宜在定植后 3～5 天内进行。

(三) 密度

西瓜种植密度与产量、果形的大小、品质有密切的关系。可以根据品种特性、土壤、整枝方式、管理水平及栽培目的来确定适宜的种植密度。中果型西瓜一般每亩可栽 650~800 株，中小果型礼品瓜每亩 1 000 株左右，棚室吊蔓栽培小果型礼品西瓜每亩 1 800~2 000 株。

十、定植后管理

(一) 肥水管理

1. 管理原则

浇透定植水、浅浇伸蔓水、适浇膨瓜水，采收前 10 天停止浇水，保持田间持水量的 60%~70%（手握成团，落地即散）为好。这既能提高西瓜品质，又能避免因水分过大造成裂瓜。建议采用滴灌、微喷灌技术，实现水肥一体化栽培。

为促进幼苗根系向深处发展和防止幼苗徒长，苗期应控制浇水，注意"蹲苗"，一般土壤不干不浇水。伸蔓期茎蔓植株需水量增加，小水缓浇。浇水过大易造成茎叶徒长，影响坐瓜（化瓜），所以开花坐果期间控制浇水，促进坐瓜。

2. 西瓜是否缺水的判断

在温度较高、日照较强的中午观察，幼苗先端的小叶向内并拢，叶色暗绿，就是幼苗缺水的象征；而子叶略向下反卷，或幼苗瓜蔓远端向上翘起，则表示水分正常；如叶缘变黄，则表示水分过多。

西瓜开花坐果期间，西瓜秧 11:00 前长势正常，晴天中午西瓜叶发蔫，14:00 后瓜秧叶子恢复正常，不要见苗蔫就浇水，可坚持3~5天，再浇水，忌大水漫灌。

果实膨大期需水较多，土壤干旱会影响果实的膨大，对果实的产量和品质均不利。需隔5~7天浇一水，经常保持土壤湿润。

70%西瓜坐住后，在早熟品种鸡蛋大小、小型瓜乒乓球大小时，浇膨瓜水，重施一次膨瓜肥，每亩施尿素5~7.5千克、硫酸钾15千克，或追施15千克高钾型三元复合肥。施肥时可在瓜蔓伸展一侧，距瓜根40~50厘米开沟追施，本次浇水以小水为宜。果实接近碗口大小时，浇第二次膨瓜水，水量要充足。采收前7~10天停止灌溉，此时西瓜不再膨大，需水量减少，这时水分过大会造成裂瓜和水串瓤等，并降低品质及降低贮藏运输性能。

早春为了防止降低地温，应在晴天上午浇小水。6月上旬以后，气温较高，以早、晚浇水为宜，以防止白天高温灌水造成土壤突然降温而引起的根系生理缺水。

3. 叶面喷肥

在雌花开放前和果实膨大期，叶面喷施优质磷酸二氢钾或含锌、钙、锰、钼等微量元素的微肥、稀土肥料，对提高西瓜品质很有帮助。

4. 温度管理

早春日光温室、大棚多层覆盖保护地礼品西瓜栽培，定植后棚温白天保持28~32℃、夜间不低于12℃。若白天棚内温度过高，可将大棚内的小拱棚薄膜稍掀开，适当通风换气。缓苗后至坐瓜前，白天棚温22~26℃、夜间13~16℃。随着天气逐渐转暖，通风量要适当增加。当夜间大棚温度稳定在12℃以上时，撤掉小拱棚（一般在4月上旬）。坐果后白天棚温28~32℃、夜间 15~18℃。当大棚夜间温度过高时，要通风降温。5 月中旬以后，晴天时将大棚底角薄膜掀到 1.2 米以上，使之形成较大的昼夜温差，以利于果实糖分的形成和积累，提高西瓜的品质。

秋季大棚栽培，定植后天气晴热时，每天 9：00—16：00 日光温室或大棚上要覆盖遮光率为 50% 的遮阳网，8 月中旬撤网。降雨时放下薄膜防止雨水进入棚内，天晴时将薄膜推至棚顶，以利于通风降温，促进植株生长。随着气温的下降，从 9 月中旬开始要适当保温。

小拱棚栽培苗期，棚温白天以保持在 25~30℃为宜。不宜超过 30℃，温度过高注意通风降温，否则引起徒长；4 月下旬至 5 月初，主茎叶片 9~12 片、夜间外界温度稳定在 12℃以上时，撤掉小拱棚。

（二）植株调整

1. 吊蔓栽培

大棚栽培为提高早熟性，一般采用单蔓或双蔓整枝，保留主蔓及最粗壮的 1 条侧蔓，其余侧蔓去除，当瓜蔓长到 50~60 厘米时引蔓缠绕在吊绳上。选留主蔓第 2~3 朵雌花授粉坐果，留瓜位置均在 1 米以上，当瓜秧长到 2 米左右时摘心。

2. 地爬栽培

一般采用三蔓整枝。除保留主蔓外，在主蔓基部（或 4~6 节）选留 2 条生长健壮的侧蔓，其余的侧蔓随时摘除。这种整枝方式坐果率高、单果重量大，适于大果型晚熟品种。

一般当主蔓 40~50 厘米、侧蔓伸长 15~20 厘米时开始压蔓，以后根据侧蔓生长情况随时进行。在主蔓 3~5 节选留 2 条侧蔓。每隔 40 厘米左右压蔓一次。留瓜前后两节必须压蔓，一般选留主蔓上第 2 或第 3 个雌花结的瓜（节位控制在 13～18 节范围内），压蔓时将主蔓第 2 个雌花下垫土 2 厘米后拍平，不然易化瓜或生成畸形瓜。在主蔓结瓜节位前留 10 片打顶，促进侧枝生长，以后不再打杈。侧蔓爬到相邻的垄上时及时打顶。

3. 授粉、定瓜

若是晴天，授粉在 7：00—8：00 进行；阴天则在 8：00—10：00 进行。授粉时，把雄花花瓣去掉，放在雌蕊柱头上，让花粉自然成熟弹出，落在雌蕊柱头上。不可手持雄花在雌蕊柱头上磨蹭，以免伤及柱头降低坐果率，或形成畸形瓜。

每株授粉 2 朵，授粉后用标签做好标记。授粉后 7 天左右，瓜长到拳头大小，进入快速生长期，选留 1 个果形周正、生长快的幼瓜。

建议花期采用熊蜂授粉，减轻人工授粉工作量，节约成本，提高效率。

棚室栽培可用 0.1% 氯吡脲 200 倍液处理瓜胎，提高坐果率。根据温度（棚内瓜胎附近的温度）配置好药液，后喷于西瓜瓜胎上。

西瓜可以不经过花粉授粉而直接膨大、生长。成熟后种子不能形成种仁，达到近似无籽西瓜的效果。

4. 不坐果原因

西瓜不坐果表现为开花坐果期出现落花落果现象。主要原因如下。

（1）花期肥水过多，植株生殖生长与营养生长失调，茎叶发生徒长，造成落花或化瓜，坐瓜率低。

（2）开花期遇不良天气情况，如温度过高或过低均会出现花粉异常，影响授粉，导致坐瓜率降低；花期降雨，雄花花粉粒吸水涨破失去活力，雌花无法完成受精作用而造成化瓜。

（3）植株生长瘦弱，缺磷钾、缺硼，子房瘦小或发育不良也降低坐瓜率。

（4）花期喷杀虫剂，误伤访花昆虫，降低坐瓜率。

5. 预防措施

（1）根据不同品种，确定合适的播期，培育壮苗。

（2）合理施用肥、水。施肥以"前促、中控、后重"为原则。水分则根据不同生育期的需求，伸蔓期要保证水分充足，以利于植株健壮，形成较大的叶面积；开花坐果期适当控制水肥，有利于促进坐果。

（3）花期减少喷药，以免误伤访花昆虫或产生药害。

十一、病虫草害防治

西瓜病害主要是病毒病、枯萎病、炭疽病、细菌性角斑病和疫病；虫害的重点是蚜虫、蓟马和红蜘蛛。为了控制病虫害的发生，生产绿色农产品，生产过程中宜做好铺设防虫网、黄板诱杀等物理防治措施。根据农业农村部《绿色食品生产允许使用的农药清单》使用许可的药剂。并注意轮换使用药剂，每种许可使用的药剂在西瓜一个生长周期使用不超过两次。

（1）防治病毒病可使用香菇多糖、氨基寡糖素。防治枯萎病、炭疽病可使用吡唑醚菌酯、苯醚甲环唑。防治细菌病角斑病可使用中生菌素、多黏类芽孢杆菌。防治疫病可使用霜脲·锰锌、烯酰·锰锌。

（2）防治蚜虫可使用啶虫脒、吡虫啉等；防治蓟马可使用氟啶虫胺腈、噻虫嗪。防治烟粉虱可用螺螨酯、烯啶虫胺。防治红蜘蛛可以使用阿维菌素、高效氯氟氰菊酯。防治螟蛾可以使用甲氨基阿维菌素苯甲酸盐、氯虫苯甲酰胺。

（3）防治禾本科杂草（稗草、马唐、牛筋草、看麦娘等）可在西瓜伸蔓期使用高效氟吡甲禾灵等，杂草3~10叶期均可使用。

十二、适时采摘上市

断定西瓜是否成熟，常用"一算二看三拍"法。

"一算"。一般情况下，各品种从开花至成熟的天数是基本固定的，如早春小红玉是30天。西瓜成熟实际上是受开花坐果后的积温决定的，开花坐果后如阴天较多，特别是大棚西瓜遇阴天成熟期就会推迟，故授粉后天数结合积温综合判断更为准确。

"二看"。主要是看卷须、果柄和瓜皮颜色特征。熟瓜瓜皮坚硬，果面蜡粉退去、发亮而且光滑，果面条纹散开、花纹清晰，色泽由清鲜变得深重，瓜面贴近地面处颜色深黄。在没病的情况下，坐瓜节位前一节的卷须干枯1/2以上；瓜柄茸毛大部分脱落，瓜肚脐处和蒂部稍有向内收缩凹陷。

"三拍"。一手托瓜，另一手轻轻拍瓜，熟瓜会发出"砰、砰"的低浊声；若为沙瓤瓜，托瓜的手掌心还会微微颤动。生瓜会发出"噔、噔"清脆之声。

根据以上方法综合判断，适时采收。

第二节　甜瓜绿色生产技术

一、品种选择

薄皮甜瓜选用博洋9号、羊角蜜、豫甜脆、黄金道、绿宝等。

厚皮甜瓜选用久红瑞、甜蜜脆梨、黄皮 9818、玉菇、脆蜜等。

二、用种量、育苗期

（一）用种量

每亩 100 克左右。

（二）不同设施栽培育苗播种期

1. 薄皮甜瓜

温室 9 月下旬至 10 月上旬嫁接育苗，苗龄 40～45 天，翌年 1 月下旬收获。

大中棚 1 月中下旬嫁接育苗，苗龄 40～45 天，4—6 月收获。

小拱棚栽培，2 月中下旬育苗，苗龄 30 天左右，3 叶 1 心，6 月收获。

露地栽培，4 月中下旬直播，7 月上中旬收获。

2. 厚皮甜瓜

温室一般 11 月下旬至 12 月上旬嫁接育苗，苗龄 50～55 天，3 月下旬收获。

大中棚一般 12 月下旬至 1 月上中旬嫁接育苗，苗龄 40～45 天，4 月下旬收获。

三、种子处理

（一）播前晒种

播种前选晴朗无风天气，把种子摊在报纸等物体上，使其在阳光下暴晒 4～6 小时，可杀死种子表面的细菌，也可明显提高种子发芽势和发芽率。

（二）温汤浸种

将种子放入约 55℃ 水中，搅拌浸种约 10 分钟。之后水温降至 30℃，继续浸泡 6~8 小时。

四、催芽

浸种后的种子捞出后凉至种皮发白，准备稍拧不滴水的干净湿毛巾或棉布，把浸好的种子均匀平铺其上，然后卷起，放入塑料袋或催芽盒中保湿，在 28~30℃ 的环境中催芽。可用恒温箱、电热毯及其他加温设施。每隔 8~10 小时用 25~30℃ 清水淘洗 1 次。20~30 小时后，大部分种子露白即可播种。

五、育苗床准备

（一）铺设地热线

建议采用地热线加温育苗，并使用控温仪控温，做到有备无患。在苗床内按间距 7~8 厘米铺设功率为 1 000 瓦的地热线，每 100 米地热线约铺 8 平方米。

（二）穴盘基质育苗

基质消毒、装盘、压盘参照西瓜育苗部分。

（三）嫁接育苗

嫁接育苗场地、拱棚、棚膜等整个生产环节所用到的器具，都要用高锰酸钾 50 倍液喷雾消毒，用药剂量为 30 毫升/米^2，然后封闭 48 小时，再通风 5 天。

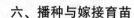

六、播种与嫁接育苗

（一）播种

选晴天上午，营养钵浇透水，每钵点播 2 粒发芽种子，覆土约 1 厘米。上覆地膜保湿增温（普通甜瓜播种育苗及苗床管理具体参照西瓜部分）。

（二）甜瓜嫁接育苗

目前甜瓜的嫁接方法主要有靠接法、切接法、插接法等，常用的方法是靠接法和插接法。

一般来说采用靠接法嫁接甜瓜苗，适宜苗龄在 18～20 天；采用插接法嫁接甜瓜苗，适宜苗龄在 7 天左右。所以要根据不同的嫁接方法，安排好砧木、甜瓜的播种时间。

1. 砧木培养

室温冷水浸种 6 小时，催芽、播种育苗。出苗后经 10 天培育，苗高 4～5 厘米、子叶叶片平展、第一片真叶初展时，为最佳嫁接时期。

2. 砧木与接穗播种的时间差

（1）采用靠接法，甜瓜苗在砧木播种前 8～10 天播种。甜瓜苗播种 10 天后，甜瓜苗子叶平展。在甜瓜苗的旁边播种催芽后的砧木种子。这样再经过 10 天的培育，砧木长出 2 片子叶、1 片真叶，甜瓜苗 2 片子叶和 1 片真叶都完全展开、第 2 片真叶初露，这个时候就可以嫁接了。

（2）采用插接法，在砧木播种 2～3 天后再播种甜瓜（平盘撒播）。当甜瓜苗 2 片子叶完全展开、1 片真叶即将展开时，是最好的嫁接时机。

3. 嫁接前准备

（1）嫁接前一天给准备嫁接的幼苗喷 1 遍水。

（2）嫁接场所要求：不能阳光直射，室温在 20℃ 左右，空气相对湿度在 70%~80%。

（3）嫁接前准备好刀片、竹签、嫁接夹、手持喷雾器和 75% 的酒精。

4. 嫁接方法

（1）靠接法。第一步：用刀片将砧木的 1 片子叶及生长点切掉。将砧木下胚轴靠近子叶约 0.5 厘米处，用刀片成 30°~45° 从上向下斜切 0.5~0.7 厘米，刀口深度不要超过砧木苗茎粗度的 1/2。第二步：根据砧木苗刀口的位置确定甜瓜苗的下刀位置，用刀片由下向上按 25°~30° 斜切 0.5~0.7 厘米，刀口深度不要超过甜瓜苗茎粗度的 1/2。第三步：使切口交叉吻合，用嫁接夹夹好完成嫁接操作。

（2）插接法。第一步：用刀把砧木生长点去除。用嫁接针从 2 片子叶之间以 45° 左右的夹角斜向下扎入砧木苗茎，扎入深度 0.7 厘米左右。第二步：取甜瓜苗用小刀在距子叶约 2 厘米处由斜下方将苗茎切成楔形，刀口长度约 0.7 厘米。第三步：将嫁接针取下，将甜瓜苗插入砧木中，就完成了嫁接操作。

5. 嫁接苗管理

嫁接苗需要在高温高湿的环境中生长，所以嫁接完成后，要及时用手持喷雾器对嫁接苗喷 1 遍清水并将嫁接苗移入塑料小拱棚内，及时浇水。白天覆盖遮阳网遮光，保证接穗不萎蔫。

（1）温度管理（表 2）。定植前 7~10 天，逐渐降温锻炼嫁接苗并适当控制灌水量。

表2　嫁接后不同时期苗床适宜温度

时段	1~3天	4~6天	1周后	接穗1叶1心
白天	28~30℃	26~28℃	22~25℃	22~25℃
夜间	23~25℃	20~22℃	18~20℃	16~18℃

（2）逐步通风透光。嫁接当天和翌日必须严密遮光，第三天早、晚除去覆盖物，以散射弱光照射30~40分钟。以后逐渐延长光照时间，1周后只在中午遮光。10天后恢复一般苗床管理。

（3）嫁接育苗病虫害防治。苗期虫害以蚜虫、潜叶蝇为主，除挂设粘虫黄板进行物理防治外，可选用10%吡虫啉可湿性粉剂1 000倍液喷雾防治。苗期病害可用25%甲霜灵可湿性粉剂1 500倍液喷雾防治猝倒病、立枯病和炭疽病，若接穗发生细菌性果斑病，可用2%春雷霉素可湿性粉剂600倍液喷雾进行防治。

（4）除萌与断根。插接法嫁接苗砧木切除生长点以后，会促进子叶节不定芽萌发，直接影响接穗生长。砧木萌芽应及时除去，可用镊子夹住侧芽轻轻拉断。

靠接法的接穗从砧木上能得到充足的养分后，穗轴的接口上部开始肥大，与下部有明显的差别，此时即为切断接穗根的适宜时期。从时间上推算，应为嫁接后18~20天，这时断根，接穗很少凋萎。

靠接苗三步断根法如下。

第一步：在接后第5天，用拇指和食指在甜瓜苗嫁接位置的下方把甜瓜苗茎捏扁。

第二步：在第 8 天至第 9 天用刀片切开苗茎的一半。

第三步：在嫁接后第 10 天将甜瓜的苗茎全部切断。如果预切后甜瓜苗出现萎蔫，可推迟 2~3 天进行断茎。

6. 壮苗标准

普通苗：茎粗壮，下胚轴短，节间短，幼苗敦实，叶片肥厚，真叶 2~3 片，子叶完好，根系发达。

嫁接苗：砧木秆粗壮，根系完好，嫁接处愈合良好；接穗真叶 2~3 片，叶色浓绿，不带病虫害。嫁接苗达到 2 叶 1 心或 3 叶 1 心时即可定植。

七、定植前准备

（一）前茬及轮作

甜瓜比较耐旱，不耐涝，宜选择土层深厚、肥沃、透气性较好、排灌方便的土壤或者砂壤，前茬以种植大田作物及葱蒜类蔬菜为好。

（二）施肥

底肥施优质有机肥每亩 3 000~4 000 千克、磷酸二铵 25 千克、硫酸钾 20 千克、尿素 5 千克。1/3 底肥普施；深耕后按行距 1.6~1.7 米开沟，深、宽各 40 厘米，沟施余下的肥料，最好采用分层施肥，同时每亩沟施枯草芽孢杆菌 2 千克。做成底宽 120 厘米、面宽 70~80 厘米、垄高 10 厘米、沟宽 40~50 厘米的畦。

适时浇水造墒，适墒后亩用 30% 仲丁灵乳油 100~150 毫升喷雾封闭地面防除杂草，盖地膜增温。

（三）设防虫网、铺设银灰膜阻虫

棚室栽培在通风口设置 20~30 目尼龙网纱，阻止蚜虫迁入。

地膜覆盖采用银灰色地膜，有利于驱避蚜虫。

八、定植

（一）时间

不同栽培设施按合理茬口安排定植时间。

小拱棚甜瓜一般在 3 月底至 4 月初定植，亦可在 3 月中下旬直播。

（二）方法

定植方法参见西瓜部分。

（三）密度

每畦定植 2 行，行距 40~50 厘米、株距 50 厘米，每亩栽 2 000~2 200 株，定植后按穴浇水，加盖小拱棚保温。

温室、大棚栽培：单蔓整枝每亩可以定植 2 000~2 500 株，双蔓整枝定植 1 000~1 200 株。对于大果、旺秧型甜瓜品种可适当降低密度。

九、定植后管理

（一）肥水管理

定植 2~3 天，选晴天在膜下浇缓苗水，以后不干不浇水。

开花期亩施高效复合肥 15 千克，在植株一侧约 20 厘米处开沟施入。膨瓜期每隔 5~7 天浇 1 水，在浇水时可顺水冲施复合肥 10 千克/亩，以利膨瓜和提高含糖量。

棚室栽培，从始花开始，做好二氧化碳肥料的施用。据试验证明，施用二氧化碳肥料能增产 20% 以上。

（二）叶面喷肥

在雌花开放前和果实膨大期叶面喷施优质磷酸二氢钾和含锌、

钙、锰、钼等微量元素的微肥、稀土肥料对提高甜瓜品质很有帮助。

(三) 温度管理 (表3)

表3 棚室栽培各阶段温度管理

生长时期	时段	温度范围	管理要点
定植期		10厘米地温稳定在12℃以上时方可定植	提温、保湿,促进缓苗
缓苗期	白天	30~33℃	控制浇水,促进根系下扎,上午温度上升到30~31℃时,开始通风,风口由小到大;下午温度在26~28℃时,开始关闭风口,保持棚内较高的温度,促进生长
	夜间	12~13℃	
伸蔓期	白天	25~30℃	温度过高,特别是夜温过高,植株容易徒长,营养生长旺盛,会影响到雌花分化,瓜胎少,坐果率低
	夜间	9~11℃	
开花坐果期	白天	25~28℃	低于15℃或高于30℃,都不利于授粉
膨果期	白天	30~35℃	最低气温在15℃时,可以放夜风,降低棚内温度,减少病害的发生
	夜间	15~20℃	

小拱棚栽培,当棚温达到35℃时在背风处破膜放风,可用刀割成月牙形口子。白天风吹薄膜,膜口张开通风降温,棚温保持25~30℃;夜间无风时,膜口会自然关闭保温。当外界平均温度达到18℃、夜里无霜时,可昼夜揭开放风,最低气温15℃时撤除拱棚(4月下旬至5月初)。

(四) 植株调整

1. 双蔓整枝,孙蔓结瓜

瓜苗长到4~5片叶时摘心。子蔓长出后,选留2条健壮子

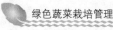

蔓。子蔓长到 4~6 片叶时摘心，每条子蔓再选留 2 条孙蔓结瓜。每条孙蔓结瓜 1 个，瓜前留 2~3 片叶摘心。

2. 子蔓整枝

幼苗长至 4 片真叶时主蔓摘心，选留 3 条健壮子蔓，其中 1 条子蔓在子蔓节上留瓜，另 2 条子蔓 3~4 叶摘心，各留 1 条孙蔓留瓜，瓜前留 3~4 片叶摘心。一般每株留 3~5 个瓜，整株瓜秧需留约 30 片功能叶片。

3. 温室、大棚吊蔓栽培

单蔓整枝，子蔓留瓜：开花前在主蔓中部位置 10~12 节选留 3 个结瓜（候选）子蔓。如果留双瓜，在主蔓 22~25 节上再留 3 个结瓜（候选）子蔓。授粉后，瓜前留 2~3 片叶，掐去生长点。果实长到鸡蛋大时，选留果形端正、果梗粗壮的子蔓留下，去掉另外 2 条子蔓。同时及时清理多余的侧蔓，结瓜的侧蔓及时掐尖、打杈。

双蔓整枝、子蔓留瓜：主蔓 4~5 片真叶时摘心，然后留取 2 条健壮的子蔓作为主蔓，抹去 7~8 节位的侧芽，选留 8~12 节的侧蔓坐瓜。瓜坐稳后，各自选留 2 个表现优秀的幼瓜，然后把多余的侧蔓打掉，留瓜的侧蔓也要及时掐尖打杈。子蔓长至约 25 叶时摘心。

4. 授粉、定瓜

人工授粉于开花当天早晨将雄花摘下，撕去花瓣露出雄蕊，往雌花柱头上轻涂即可。或在阴天雌花开放当天用 10 毫克/千克防落素喷雌花。将兑好的药液装在小喷壶内，对着雌花柱头轻轻喷施。

种植甜瓜，要取得良好的经济效益，不但要抓产量还要抓好品质。为此要及时抓好疏果留果工作，按栽培品种特性、果实大小每株选留合适数量的幼瓜。

十、病虫草害防治

甜瓜病害主要是病毒病、霜霉病、枯萎病、炭疽病、细菌性角斑病和疫病；重点虫害是蚜虫、蓟马和红蜘蛛等。请参考西瓜病虫草害防治技术。

十一、适时采摘上市

甜瓜开花授粉后 25~30 天即可采收。

（一）采收标准

黄皮品种，外表皮金黄色；白皮品种，外表皮完全变白色呈透明状就可以采收。

（二）采收方法

在收获时，用剪刀把瓜柄剪断，轻拿轻放，放于通风处，以利于贮运。

第三节　黄瓜绿色生产技术

一、品种选择

选用抗病、抗逆性强，商品性状好，产量高的品种。露地可选用津优 48、津优 409；保护地可选用津优 35 号、津优 518、中农 26 号等。

二、用种量

每亩用种 90~125 克。

三、种子处理

种子处理有 4 种方法，可针对当地易发病虫害任选其一。

（1）50%多菌灵可湿性粉剂按种子质量的 0.3%拌种，防治立枯病、猝倒病，或选用相应的包衣种子。

（2）用 50%多菌灵可湿性粉剂 500 倍液浸种 1 小时，或用甲醛 300 倍液浸种 1.5 小时，捞出洗净催芽，防治枯萎病、黑星病。

（3）把干种子置于 70℃恒温处理 72 小时，经检查发芽率后浸种催芽，防治病毒病、细菌性角斑病。

（4）将种子用 55℃的温水浸种 10~15 分钟，并不断搅拌直至水温降到 30~35℃，再浸泡 3~4 小时。将种子反复搓洗，用清水冲净黏液后，晾干再催芽，防治黑星病、炭疽病、病毒病、菌核病。

将处理的种子用湿布包好在 25~30℃的条件下催芽 1~2 天，种子"露白尖"时，再把种子在 0~2℃的条件下放 1~2 天。

四、育苗床准备

（一）床土配置

用近几年没有种过葫芦科蔬菜的园土 60%、圈肥 30%、腐熟畜禽粪或饼肥 5%、炉灰或沙子 5%，混合均匀后过筛（包括分苗和嫁接苗床用土）。

（二）床土消毒

有以下 5 种方法。

（1）每平方米用甲醛溶液 30~50 毫升，加水 3 升，喷洒床土，用塑料膜密封苗床 5 天，揭膜 15 天后再播种。

（2）用 50%多菌灵可湿性粉剂与 50%福美双可湿性粉剂按 1∶1 混合，或 25%甲霜灵可湿性粉剂与 70%代森锰锌可湿性粉剂按 1∶1 混合，按每平方米用药 8～10 克与 15～30 千克细土混合，播种时 2/3 铺于苗床，1/3 盖在种子上。

（3）晒土高温消毒：7—8 月高温休闲季节，将土壤或苗床土壤耕后，覆盖地膜 20～30 天，利用太阳晒土高温的方法消毒。

（4）太阳能淹水法加添加剂消毒：7—8 月高温休闲季节，将苗床或棚室土壤表面每亩撒施生石灰 100～150 千克、炉渣 72～96 千克、炒至黄褐色的稻壳 10～12 千克、麦糠或切碎的麦秸 250～300 千克、腐熟的有机肥（鸡粪等）1 000 千克，翻地后将地边起垄 0.5 米高。为保温不漏气，整地块覆盖上塑料薄膜，只留下灌水孔，然后向内部土壤灌水，至土壤表面水不再下渗为止，一次注水后不再注水。太阳暴晒使土温达到 48℃以上，甚至 60℃以上，持续 15～20 天，能有效地杀死多种病原菌和线虫。

（三）育苗器具消毒

对育苗器具用甲醛 300 倍液，或 0.1%高锰酸钾溶液喷淋或浸泡消毒。

五、播种

（一）播种期

日光温室秋冬茬 9 月上旬至 9 月下旬，冬春茬 1 月上中旬，冬茬 9 月下旬至 10 月上旬；大棚春茬 2 月上旬至 2 月下旬，秋延后 6 月下旬至 7 月中旬；露地春茬 3 月下旬至 4 月上旬，秋茬 6 月下旬至 7 月上旬。

（二）容器播种

将 15 厘米深苗床先浇透水，用直径 10 厘米、高 10 厘米的纸筒（塑料薄膜筒或育苗钵）内装配置床土厚 8 厘米，上铺细土，每纸筒内点播 1 粒种子，浇透水，上覆床土 2 厘米。

（三）嫁接苗的播种

用靠接法，黄瓜比砧木南瓜（京欣砧 6 号或云南黑籽南瓜）早播种 3 天；用插节法，砧木南瓜比黄瓜早播种 3~4 天。

六、苗期管理

（一）温度管理（表 4）

表 4　苗期温度管理

时期	适宜日温（℃）	适宜夜温（℃）
播种至出土	28~32	18~20
出土至破心	25~30	16~18
破心至分苗	20~25	14~16
分苗至缓苗	28~30	16~18
缓苗至定植	20~25	12~16

（二）间苗

及时间掉病虫苗、弱小苗和变异苗。

（三）分苗

当苗子叶展平有 1 心时，在分苗床按行距 10 厘米开沟，株距 10 厘米坐水栽苗。也可将苗栽在纸筒、塑料薄膜或育苗钵内。

（四）嫁接

靠接的，当黄瓜第 1 片真叶展开、砧木南瓜子叶展平时嫁接；插接的，当黄瓜有 1 片真叶时嫁接，随即按行株距 12 厘米坐水栽在分苗床上。

（五）分苗后的管理

温室冬春茬、大棚早春茬如温度低可加扣小拱棚保温。缓苗后可挠划 1 次提高地温。不旱不浇水，显旱时喷水补墒。

嫁接苗应立即覆盖小拱棚，开始 2～3 天棚室要盖草苫遮阴。在接口愈合 7～10 天期间，昼温由 22～28℃ 逐步提高到 25～30℃，夜温由 16～18℃ 逐步降到 14～16℃。空气湿度由 90% 逐步降到 65%～70%。接穗长出新叶时，断接穗根，撤掉小拱棚。

（六）壮苗标准

株高 15 厘米左右，3～4 叶 1 心，子叶完好，节间短粗，叶片浓绿肥厚，根系发达，健壮无病，苗龄 35 天左右。

七、定植前准备

（一）前茬

前茬为非葫芦科蔬菜。

（二）整地施肥

一般栽培基肥以优质有机肥、常用化肥、复混肥等为主。在中等肥力条件下，结合整地，露地栽培每亩施优质有机肥（以优质腐熟猪厩肥为例，下同）5 000 千克、氮肥（N）4 千克（折合尿素 8.7 千克）、磷肥（P_2O_5）6 千克（折合过磷酸钙 50 千克）、钾肥（K_2O）2 千克（折合硫酸钾 4 千克）；保护地栽培每亩施优质有机肥 5 000 千克、氮肥（N）4 千克（折合尿素 8.7 千克）、磷肥（P_2O_5）6 千克（折合过磷酸钙 50 千克）、钾肥（K_2O）3

千克（折合硫酸钾 6 千克）。

棚室有机生态型无土栽培，按棚室面积每亩建 10 立方米的沼气池。用炉渣 1/3+草炭 1/3+废棉籽皮 1/3（或锯末 1/3）混合后每立方米加 20 千克湿润沼渣，混合均匀后过筛作为无土栽培基质。在棚室内按槽间距 72 厘米用砖砌北高南低向阳栽培槽（或就地挖栽培槽），槽宽 50 厘米、深 18 厘米。槽底两边高中间稍低呈钝角形，槽内铺 0.1 毫米聚乙烯农用膜，将基质装入滴灌系统即可进行无土栽培。

（三）防虫网阻虫

在棚室通风口用 20～30 目尼龙网纱密封，阻止蚜虫迁入。

（四）设银灰膜驱避蚜虫

地面铺银灰色地膜，或将银灰色膜剪成 10～15 厘米宽的膜条，挂在棚室放风口处。

（五）棚室消毒

每亩棚室用硫磺粉 2～3 千克，加 80% 敌敌畏乳油 0.25 千克，拌上锯末，分堆点燃，然后密闭棚室一昼夜，经放风无味后再定植。或定植前利用太阳能闷棚。

八、定植方法

露地栽培应在晚霜后，棚室栽培夜间最低温度应在 12℃。按等行距 60～70 厘米或大小行距（80～90）厘米×（50～60）厘米，于苗行处作高垄，垄高 10～15 厘米，垄上覆地膜，棚室的垄与沟均覆地膜进行膜下灌溉。于垄上按株距 25 厘米挖穴坐水栽苗，每亩栽苗 3 500～4 400 株。

九、定植后管理

（一）浇水

定植后浇一次缓苗水，不旱不浇水。摘根瓜后进入结瓜期和盛瓜期，需水量增加，要因季节、长势、天气等因素调整浇水间隔时间，每次要浇小水，并在晴天上午进行；遇寒流或阴雪天不浇水；有条件的可用膜下滴灌；通过放风调节湿度。

（二）追肥

进入结瓜初期结合浇水隔两水追一次肥，结瓜盛期可隔一水追一次肥，开沟追施或穴施，每次追施氮肥（N）2~3 千克（折合尿素 4.3~6.5 千克）；生长中期追施钾肥（K_2O）4 千克（折合硫酸钾 8 千克）。

（三）叶面施肥

结瓜盛期用 0.3%~0.5%磷酸二氢钾和 0.5%~1%的尿素溶液叶面施肥 2~3 次。

（四）温度湿度管理

棚室冬春黄瓜生产，8：00 温度为 10~12℃，如湿度超过 90%可放小风排湿，然后盖严提温，到温度上升到 30℃时，应放风降温排湿，保持相对湿度在 80%以下。当棚室温度达 26℃时关风保温，到盖苫时逐步下降到 18℃。达不到要求温度，苗小时可加盖小拱棚，苗大时加盖天幕；日光温室加盖双苫或保温被，大棚四周可加盖裙苫。连续阴天温度低时要控制放风开门，有沼气的可点燃补温，短时揭草苫补充散光。天气骤晴时，要及时对叶面喷水（或加 0.5%的葡萄糖），以免因根吸收滞后造成植株萎蔫。

（五）植株调整管理

当植株高 25 厘米甩蔓时要拉绳绕蔓。根瓜要及时采摘以免坠秧；生长期短的秋冬茬或冬春茬，蔓长到顶部应打尖促生回头瓜；冬季一茬到底的要不断落蔓延长生育期；连阴时间长要将中等以上的瓜摘掉，以保证植株正常生长。

（六）生态控害

当发生霜霉病时，采用高温闷棚。在准备闷棚的前一天，给黄瓜浇一次大水，次日晴天封闭棚室，将温度提高到 43℃时计时，不得超过 46℃，1.5～2.0 小时后放风，使室温下降，摘掉病老枯叶，浇一次水，4～5 天再闷棚一次。

十、防治病虫害

（一）黄板诱杀白粉虱、美洲斑潜蝇

用 100 厘米×20 厘米的纸板，涂上黄漆，上涂一层 1：1 配制的机油：凡士林，每公顷挂 450～600 块（30～40 块/亩），挂在行间，当板粘满白粉虱、美洲斑潜蝇时再重涂一层。一般 7～10 天重涂 1 次。

（二）药剂防治虫害

黄瓜采摘前 7 天停止喷药、烟雾熏蒸。

1. 蚜虫

（1）烟剂熏蒸，用 22% 敌敌畏烟剂，每亩用药 500 克，傍晚闭棚前点燃，熏蒸一昼夜。

（2）用 10% 吡虫啉可湿性粉剂或 2.5% 高效氯氟氰菊酯乳油 1 500 倍液，或 3% 啶虫脒乳油 1 000～1250 倍液喷雾。

2. 温室白粉虱

用10%吡虫啉可湿性粉剂或3%啶虫脒可湿性粉剂1 000～1 500倍液喷雾。

3. 茶黄螨

用1.8%阿维菌素乳油3 000倍液，或15%哒螨灵乳油1 500倍液喷雾。

4. 美洲斑潜蝇

当每片叶有幼虫5头时，掌握在幼虫2龄前，用1.8%阿维菌素乳油3 000倍液，或每亩用5%氟虫腈悬浮剂17～34毫升，加水50～75升喷雾。

（三）药剂防治病害

1. 霜霉病

（1）用50%百菌清可湿性粉剂，每亩每次用1千克，喷粉器喷施。

（2）用45%百菌清烟剂，每亩110～180克，分放5～6处，傍晚点燃闭棚过夜，7天熏1次，连熏3次。

（3）用72.2%霜霉威水剂800倍液，或72%霜脲氰可湿性粉剂800倍液，或69%烯酰·锰锌可湿性粉剂500～1 000倍液喷雾。

2. 细菌性角斑病

用3%中生菌素可湿性粉剂400～500倍液，或77%氢氧化铜可湿性粉剂500倍液，或20%辛菌胺乙酸盐水剂800倍液喷雾，7～10天喷1次，连喷1～2次。

3. 黑星病

用50%多菌灵可湿性粉剂500倍液，或2%武夷菌素（BO～

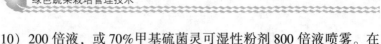

10）200倍液，或70%甲基硫菌灵可湿性粉剂800倍液喷雾。在发病初期，5~7天喷1次，连喷3~5次。

4. 白粉病

（1）用15%三唑酮可湿性粉剂1 500倍液喷雾，共喷2次，7~14天喷1次。

（2）用25%醚菌酯可湿性粉剂1 000~1 200倍液喷茎叶保护，7~14天喷1次，共喷3~4次。

（3）用小苏打500倍液，3天喷1次，连喷4~5次。

5. 疫病

（1）用72.2%的霜霉威水剂800倍液喷雾。

（2）用64%噁霜·锰锌可湿性剂400~500倍液喷雾，或用100~200倍液涂抹病部。

（3）用72%霜脲·锰锌可湿性粉剂800倍液喷雾。

（4）用72%霜脲氰可湿性粉剂800倍液喷雾。

6. 枯萎病

（1）用70%甲基硫菌灵可湿性粉剂800~1 000倍液喷雾。

（2）用50%多菌灵可湿性粉剂500倍液喷雾。

（3）用枯草芽孢杆菌（有效活菌数≥200亿CFU/克）300倍液灌根，每株灌药0.1~0.15千克。

7. 蔓枯病

定植成活后在地面喷洒75%百菌清可湿性粉剂和70%代森锰锌可湿性粉剂1∶1等量混合剂500倍液，5~7天喷1次，喷2~3次。

茎部病斑可用70%代森锰锌可湿性粉剂500倍液涂抹。

8. 灰霉病

（1）保护地优先用粉尘法和熏烟法，露地采取喷雾法。

（2）粉尘法：用5%乙霉威粉剂，每亩用1千克，喷粉器喷施，7天喷1次，连喷2~3天。

（3）烟熏法：方法同霜霉病

（4）用50%乙烯菌核利可湿性粉剂1 500倍液，或65%乙霉威可湿性粉剂800~1 500倍液喷雾，5~7天喷1次，连喷2次。

9. 菌核病

用40%菌核净可湿性粉剂1 000倍液，或用60%多菌灵超微粉剂600倍液喷雾。

10. 病毒病

（1）治蚜防病。

（2）用5%辛菌胺乙酸盐水剂400倍液，或8%宁南霉素水剂1 000倍液，或0.5%香菇多糖水剂300~500倍液喷雾，7~10天喷1次，连喷2~3次。

11. 根结线虫病

（1）用1.8%阿维菌素乳油3 000倍液灌根，每株300毫升。

（2）每亩用蜡质芽孢杆菌或淡紫拟青霉菌剂1千克兑水，在植株旁边扎眼均匀穴施。

（四）其他控害措施

（1）及时清除病虫叶、果和植株，深埋或烧毁。

（2）定植缓苗后喷生化防腐酸生长调节剂，提高黄瓜抗旱、抗寒和抗病能力。

（3）每亩用枯草芽孢杆菌菌剂200~300克与发酵有机肥混合底施，也可用每亩所需水量稀释后于定植成活后喷雾，可增强植株抗病性。

第四节 冬瓜绿色生产技术

一、品种选择

选用优质高产、抗病虫性强、适应性广、抗逆性强的冬瓜品种。

二、种子处理

用 55℃ 温水烫种，20℃ 温水浸种，24 小时内换清水 1~2 次，然后捞出待播。

三、培育无病虫壮苗

（一）育苗土配制

2 平方米苗床的床土需磷酸二铵、硫酸钾各 100 克，腐熟鸡粪 1 千克。土肥混合后过筛。

（二）苗床准备

苗床选取背风向阳处，苗床宽 1.5 米，长度不限，浇水塌实。每亩需苗床 2 平方米，床深 15 厘米，填补 2 厘米沙土，将备好的育苗土填入坑内。

（三）播种

每亩用种 50 克，播前浇足水，水下渗后，撒过筛细土，按 10 厘米间方划格，每格播放 2 粒种子，上盖 2 厘米厚过筛细土。

（四）播后管理

防虫害用辛硫磷拌麸皮撒在苗床外边。

育苗期间一般不浇水，若过于干旱，可浇一小水，使苗壮而不旺长。

四、定植

（一）整地施肥

每亩施用有机肥 5 000 千克、磷酸二铵 10 千克、硫酸钾 5 千克，按 3~4 米行距开沟，将肥放沟内，覆盖作畦。

（二）定植

苗龄 40~50 天，3 叶 1 心时定植，行距 3~4 米，株距 1.6 米，每亩可栽 120 株。

五、定植后管理

（一）肥水管理

缓苗后沟灌一水，然后控水蹲苗，压（绑）蔓后每亩施饼肥 100 千克，覆土后浇水，当第 1 瓜核桃大时浇小水，每亩追尿素 15 千克、磷酸二铵 5 千克、硫酸钾 5 千克。提倡沟灌和滴灌，小水勤浇，禁止大小水混灌，忌阴天或傍晚浇水。

（二）田间管理

及时整枝打杈，中耕除草，摘除枯、黄、病、老叶，加强通风。

（三）病虫防治

1. 蚜虫、蓟马

黄板诱杀，或用 10% 吡虫啉可湿性粉剂 1 500 倍液，或 2.5% 高效氯氟氰菊酯 2 000 倍液喷雾防治。

2. 枯萎病

5% 辛菌胺乙酸盐水剂 250 倍液灌根，株用 0.25 千克药液，

9 天 1 次，连灌 3 次。

3. 疫病

发病初期，交替喷施 72%霜脲·锰锌可湿性粉剂 800 倍液、80%烯酰·锰锌 800 倍液，7 天 1 次，防治 2~3 次。

4. 炭疽病

每亩用 5%百菌清粉剂 1 千克，喷粉，也可用 80%福·福锌可湿性粉剂 600 倍液喷雾，7 天 1 次，连喷 2~3 次。

5. 蔓枯病

用 75%百菌清可湿性粉剂 600 倍液喷雾。

6. 病毒病

发病初期，用 5%辛菌胺乙酸盐水剂 250 倍液，或 0.5%香菇多糖水剂 300~500 倍液喷雾，7 天 1 次，连喷 3 次以上。

六、采收

采收前 30 天禁止使用农药、化肥。

第五节　丝瓜绿色生产技术

一、品种选择

选用优质、高产、抗病虫、抗逆性强、适应性强、商品性好的丝瓜品种。

二、种子的处理

(一) 晒种

播前晒种 2~4 小时。用 50~51℃温水浸泡 20 分钟，或用冰醋酸 100 倍液浸种 30 分钟，清水冲洗干净后催芽。

（二）浸种

10% 磷酸三钠浸种 20 分钟。

三、培育无病虫壮苗

（一）育苗土配置

用 3 年内未种过瓜类作物的园土与优质腐熟有机肥混合用，优质腐熟有机肥占 30% 左右，过筛后使用。

（二）育苗土消毒

请参见第一章第三节黄瓜育苗土消毒技术。

四、定植

（一）整地施肥

每亩施用优质有机肥 4 000 千克、硫酸钾 20 千克、过磷酸钙 120 千克、尿素 10 千克，耕深 20 厘米，整平，起垄，盖膜。

（二）设防虫网阻虫

棚室通风口用纱网阻挡蚜虫、斑潜蝇等害虫迁入。

（三）棚室消毒

每亩棚室用硫磺 2~3 千克加敌敌畏 0.25 千克，拌上锯末，分堆燃放，闭棚 24 小时，经放风无味时再定植。

（四）银灰膜驱避蚜虫

铺设银灰地膜或将银灰膜剪成 10 厘米×15 厘米左右，间距 15 厘米左右，纵横拉成网眼状。

五、定植后管理

(一) 肥水

前期土壤不宜过湿,定植后要进行一次浅中耕培土,中期要进行沟灌或膜下暗灌,结果盛期保持较高的土壤湿度。在苗高 30 厘米时每亩可施熟淡粪水 400 千克,后期可结合浇水施 1∶1 腐熟粪水 800 千克,结果盛期可追施腐熟粪水 1 200 千克。

(二) 田间管理

茎蔓长 50 厘米左右要搭架,之前不留侧枝,结果后留 2~3 条早生雌花的壮侧蔓。

六、病虫防治

(一) 物理防治

(1) 及时摘除病虫叶和病虫果,拔除重病株,带出田外深埋或烧毁。

(2) 黄板诱杀。棚室内设置用废旧纤维或纸板剪成的 20 厘米×100 厘米的板条,涂上黄色油漆,同时涂上一层机油挂在行间或株间,高出植株顶部,每亩 30~40 块,当黄板粘满美洲斑潜蝇、蚜虫时,再重涂一层机油,一般 7~10 天重涂 1 次。

(二) 药剂防治

保护地优先采用粉尘法、烟熏法,在干燥晴朗的天气也可以喷雾防治,注意轮换用药,合理混用。

1. 霜霉病

(1) 发病初期,用 45%百菌清烟剂 200~250 克/亩,分 4~5

处，傍晚点燃，闭棚过夜，7 天 1 次，连熏 3 次。

（2）发病初期，傍晚用 5% 百菌清可湿性粉剂，或 10% 乙霉威粉剂喷撒，9~11 天 1 次，连喷 2~3 次。

（3）发现中心病株后，用 69% 烯酰·锰锌可湿性粉剂 500 倍液，或 64% 噁霜灵可湿性粉剂 400 倍液，或 72.2% 霜霉威水剂 800 倍液，或 72% 霜脲·锰锌可湿性粉剂 800 倍液喷雾，7~10 天 1 次，视病情确定是否再用药。

2. 褐斑病

发病初期，喷洒 36% 甲基硫菌灵悬浮剂 400~500 倍液，或 25% 嘧菌酯悬浮剂 800 倍液。

3. 蚜虫

（1）用 22% 敌敌畏烟剂亩用药 500 克，傍晚闭棚前点燃熏蒸一次。

（2）用 10% 吡虫啉可湿性粉剂 1 500 倍液，或 2.5% 氯氟氰菊酯乳油 3 000 倍液喷雾防治。

4. 美洲斑潜蝇

当每片叶有幼虫 5 头时，掌握在 2 龄前喷洒 1.8% 阿维菌素乳油 2 500 倍液，或 25% 噻虫嗪水分散粒剂 4 000 倍液，也可以在成虫羽化高峰时喷洒 5% 啶虫脒乳油 2 000 倍液。

第六节　苦瓜绿色生产技术

一、品种选择

选用优质、高产、抗病虫、抗逆性、商品性好的苦瓜品种。

二、种子处理

用 55% 过氧化氢浸种 3 小时，用清水冲后播种，或用 2.5% 咯菌腈悬浮种衣剂包衣（用量为种子重量的 0.4%~0.8%）。

三、培育无病虫壮苗

（一）育苗土配制

用 3 年内未种过瓜类作物的园田土与腐熟优质有机肥混合，有机肥占 30% 左右，过筛后使用。

（二）育苗床消毒

用 50% 多菌灵可湿性粉剂与 50% 福美双可湿性粉剂 1 : 1 混合，按每平方米床土用药 8~10 克与 15~30 千克细土混合，播种时取 1/3 药土撒在畦面上，播种后再把其余药土撒施。

（三）护根育苗

将苗养药土装入营养钵，浇透底水，播种盖膜育苗。

（四）苗床管理

出苗前保持 30~35℃，出苗后保持 25~30℃，盖 2 次细土，并注意保湿，定植前炼苗，发现病虫苗及时拔除。

（五）整地施肥

整地施肥，每亩用优质腐熟有机肥 3 000 千克、硫酸钾 25 千克、过磷酸钙 50 千克，耕深 20 厘米，整平，起成 20~24 厘米高垄。

四、定植后管理

（一）肥水管理

定植后及时浇缓苗水，结果前一般不浇水，每亩追施腐熟饼肥 50 千克，结果盛期缩短肥水间隔，保持地面湿润，并及时排出积水。

（二）辅助授粉

10:00 前后用熊蜂授粉或进行人工授粉。

五、病虫防治

（一）物理防治

1. 设防虫网阻虫

棚室通风口用尼龙网纱封闭，防止蚜虫、斑潜蝇等害虫迁入。

2. 银灰膜避蚜虫

田间铺银灰地膜或将其剪成 10~15 厘米宽的条，间距 15 厘米左右，纵横拉成网状。

3. 棚室消毒

每亩棚室内用硫磺 2~3 千克加敌敌畏 0.25 千克，拌上锯末，分堆燃放，闭棚一昼夜，经放风无味时定植。

4. 黄板诱杀

将纤维板或纸板剪成 100 厘米 ×20 厘米的板条，涂上黄色油漆，再涂上一层机油，置于株行之间，高出植株顶部，每亩设置 30~40 块，可诱杀蚜虫、白粉虱和斑潜蝇，当板上粘满蚜虫时，再涂 1 次机油，一般 7~10 天重涂 1 次，或更换黄板。

（二）药剂防治

1. 枯萎病

发现病株及时拔除，病穴及邻近植株灌淋 50% 多菌灵可湿性粉剂1 500倍液，或用36%甲基硫菌灵悬浮剂400倍液，每株灌药液0.5升。

2. 白绢病

发现病株及时拔除、烧毁，病穴及其邻近植株灌淋5%井冈霉素水剂1 000~1 600倍液，或90%敌磺钠可湿性粉剂500倍液，每株（穴）淋灌0.4~0.5升。

3. 炭疽病

（1）烟雾法。用45%百菌清烟剂250克/亩，熏烟。

（2）粉尘法。于傍晚每亩喷撒5%百菌清粉剂1千克。

（3）发病初期，喷洒50%甲基硫菌灵可湿性粉剂700倍液，或70%百菌清可湿性粉剂700倍液，或2%武夷菌素水剂200倍液。

4. 病毒病

（1）防治蚜虫，用10%吡虫啉可湿性粉剂1 500倍液，或2.5%氯氟氰菊酯乳油3 000倍液，或25%噻虫嗪水分散粒剂5 000~8 000倍液喷雾。

（2）发病初期，用5%辛菌胺乙酸盐水剂250倍液，或0.5%香菇多糖水剂300~500倍液喷雾，7天喷1次，连喷3次以上。

5. 蚜虫

用10%吡虫啉可湿性粉剂1 500倍液，或2.5%氯氟氰菊酯乳油3 000倍液，或25%噻虫嗪水分散粒剂5 000~8 000倍液喷雾。

6. 蓟马

用10%吡虫啉可湿性粉剂1 500倍液，或1.8%阿维菌素乳油3 000倍液喷雾。

第七节　西葫芦绿色生产技术

一、品种选择

选择抗病、耐低温、高产、优质的品种，如早青 1 代、寒玉、碧玉、牵手 2 号、金皮西葫芦等。

二、用种量

每亩用种 400~500 克。

三、种子处理

将种子放在 55℃温水中，并不断搅拌至 30℃，再浸泡 4 小时，种子搓洗干净，催芽（可防病毒、炭疽病、角斑病）。或用 10%磷酸三钠溶液浸种 20~30 分钟，洗净后浸种催芽（防病毒病）。

四、催芽

将处理后的种子用湿布包好放在 25~30℃的条件下催芽，每天用温水冲洗 1~2 遍，种子芽长 0.2~0.5 厘米时播种。

五、育苗床准备

（一）床土配制

用近几年没有种过葫芦科蔬菜的园土 60%，加圈肥 30%、腐熟畜禽粪或粪干 5%、炉灰或沙子 5%，混合均匀后过筛。

（二）床土消毒

（1）用 50%琥胶肥酸铜可湿性粉剂 500 倍液分层喷洒于配

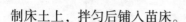

制床土上，拌匀后铺入苗床。

（2）用50%多菌灵可湿性粉剂与50%福美双可湿性粉剂按1：1混合，或用25%甲霜灵可湿性粉剂与70%代森锰锌可湿性粉剂按9：1混合，按每平方米用药8~10克与15~30克细土混合，播种时1/3铺于床面，其余盖在种子上面。

六、播种

（一）一般播种

在育苗地挖15厘米深苗床，内铺配制消毒床土厚10厘米。选晴天播种，苗床浇水渗透后，上撒床土（或药土），按行株距10×10厘米点种，每粒种子覆床土堆高2~3厘米。

（二）容器播种

将15厘米深苗床先浇透水，用直径10厘米、高12厘米的纸筒（也可用塑料薄膜筒或育苗钵），从苗床上一头边立边装入已配制好的消毒床土9~10厘米，浇透水，每纸筒内点播一粒种子，上覆床土2~3厘米。

七、苗期管理

（一）温度管理（表5）

表5　苗期温度管理

时期	适宜日温（℃）	适宜夜温（℃）
播种后至出苗	25~30	16~18
齐苗至第3叶展开	18~24	10~12
定植前4~5天	16~18	7~8

（二）其他管理

苗出土后，一般不浇水，可覆土2~3次，每次厚0.5~1

厘米。严重缺水时，叶色深绿、苗生长缓慢，可选晴天上午适当喷水，并及时放风降温，严防苗徒长。当苗有 2~3 片叶时，可在叶面喷施混合脂肪酸 100 倍液，防止病毒病发生，同时喷施 0.2%~0.3% 的尿素和磷酸二氢钾混合液 2~3 次。

（三）壮苗标准

苗高 12 厘米左右，4 叶 1 心，叶色浓绿，茎粗 0.4 厘米以上，苗龄 25~30 天。

八、定植前准备

（一）前茬

前茬为非葫芦科蔬菜。

（二）整地施肥

一般栽培基肥以优质有机肥、常用化肥、复混肥等为主。在中等肥力条件下，结合整地每亩施优质有机肥（以优质腐熟猪厩肥为例）3 000 千克、氮肥（N）5 千克（折合尿素 10.9 千克）、磷肥（P_2O_5）6 千克（折合过磷酸钙 50 千克）、钾肥（K_2O）4 千克（折合硫酸钾 8 千克）。

棚室有机生态型无土栽培按棚室面积 334 平方米或 1 亩分别建 6 立方米或 10 立方米的沼气池。用炉渣 1/3+草炭 1/3+废棉籽皮 1/3（或锯末 1/3）混合后每立方米加 20 千克湿润沼渣，混合均匀后过筛作为无土栽培基质。在棚室内按槽间距 72 厘米用砖砌北高南低向栽培槽（可就地挖栽培槽），槽宽 50 厘米、深 18 厘米，槽底两边高中间稍低呈钝角形，槽内铺 0.1 毫米聚乙烯农用膜，将基质装入槽内配置滴灌系统即可进行无土栽培。

（三）设防虫网阻虫

在棚室通风口用 20~30 目尼龙网纱密封，阻止蚜虫迁入。

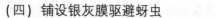

（四）铺设银灰膜驱避蚜虫

每亩铺银灰色地膜，或将银灰膜剪成 10~15 厘米宽的膜条，挂在棚室放风口处。

（五）棚室消毒

每亩棚室用硫磺粉 3~4 千克加敌敌畏 0.25 千克拌上锯末，分堆点燃，然后密闭棚室一昼夜，经放风，无味时再定植。

（六）定植方法

露地栽培应在晚霜后，棚室栽培夜间最低温度应在 6℃。按等行距 80 厘米，或大小行距 100 厘米×80 厘米，于苗行间做高垄，垄高 10~15 厘米，垄上覆地膜。选晴天于垄上按株距 50 厘米挖穴坐水栽苗，1 600~2 000 株/亩。

九、定植后管理

（一）浇水

定植后浇一次缓苗水，水量不宜过大。当根瓜长到 10 厘米大时开始浇催瓜水，根瓜采收后，晴天可 5~7 天浇一水，阴天要控制浇水。

（二）追肥

结合浇水采用开沟或穴施方法于座瓜初期追施氮肥（N）6 千克（折合尿素 13 千克），结瓜盛期追施氮肥（N）5 千克（折合尿素 10.9 千克）。

（三）叶面喷肥

结瓜期视长势情况，用 0.2% 的磷酸二氢钾溶液喷施 1~2 次。

（四）中耕松土

浇过缓苗水后要中耕松土 2 次。

（五）温湿度管理

棚室栽培定植后，要密闭棚室防寒保温促缓苗，缓苗后，温度控制在白天 20~24℃、夜间 8~12℃。当外界最低气温稳定在 10℃ 时，白天加大放风量，以降低棚内湿度。双覆盖栽培的经锻炼 5~7 天后，可撤掉小拱棚。

（六）蘸花

棚室栽培不利于昆虫授粉，为防止化瓜，可在 8：00—10：00 雌花开放时进行人工辅助授粉，或用浓度为 20~30 毫克/千克的 2,4-滴涂抹雌花柱头和瓜柄，并在蘸花液中加入 0.1% 的 50% 乙烯菌核利可湿性粉剂防灰霉病。

（七）植株调整

及时打杈，摘掉畸形瓜、卷须及老叶；根瓜早摘以免坠秧；日光温室外一茬到底的可拉绳吊蔓和及时落蔓。

十、病虫害防治

（一）物理防治

1. 铺设银灰膜驱避蚜虫

每亩铺银灰色地膜 5 千克，或将银灰膜剪成 10~15 厘米宽的膜条，膜条间距 10 厘米，纵横拉成网眼状。

2. 黄板诱杀蚜虫

用废旧纤维板或纸板剪成 100 厘米×20 厘米的长条，涂上黄色油漆，同时涂上一层机油，挂在行间或株间，高出植株顶部，每公顷挂 450~600 块（30~40 块/亩），当黄板粘满蚜虫时，再重涂一层机油，一般 7~10 天重涂 1 次。

（二）药剂防治病害

1. 白粉病

（1）发病初期，用45%百菌清烟剂，每亩用250～300克分放在棚内4～5处，点燃闭棚熏1夜，次晨通风，7天熏1次，视病情熏3～4次。

（2）发病初期，用20%三唑酮乳油2 000倍液，或40%醚菌酯悬浮剂600倍液，或50%硫磺悬浮剂250倍液，或2%嘧啶核苷类抗菌素200倍液喷雾。

2. 灰霉病

（1）每亩用6.5%乙霉威粉剂1千克喷粉，7天喷1次，连喷2次。

（2）发病初期，喷洒40%嘧霉胺悬浮剂1 200倍液，7天喷1次，连续喷2～3次。或70%腐霉利可湿性粉剂1 000倍液，喷雾1次。注意药剂轮换使用。

3. 霜霉病

（1）每亩用5%百菌清粉剂1千克喷粉，7天喷1次，连喷2～3次。

（2）发现中心病株后用72%霜脲·锰锌可湿性粉剂800倍液，或72.2%霜霉威水剂800倍液，或40%三乙膦酸铝可湿性粉剂200倍液喷雾，7～10天喷1次，视病情发展确定用药次数。还可用糖氮液，即红糖或白糖1%+0.5%尿素+1%食醋+0.2%三乙膦酸铝，7天喷叶面1次。

4. 病毒病

发病初期，用5%辛菌胺乙酸盐水剂250倍液，或0.5%香菇多糖水剂300～500倍液喷雾，7天喷1次，连喷3次以上。

（三）药剂防治害虫

1. 蚜虫

每亩用10%吡虫啉可湿性粉剂1 000倍液，或用2.5%溴氰菊酯乳油1 000～1 500倍液喷雾，喷洒时应注意叶背面均匀喷洒。保护地还可选用杀蚜烟剂。每亩400～500克，分放4～5堆，用暗火点燃，密闭3小时。

2. 红蜘蛛

用1.8%阿维菌素乳油3 000倍液，或20%甲氰菊酯乳油2 000倍液，或15%哒螨酮乳油1 500倍液喷雾。

3. 温室白粉虱

用10%吡虫啉或3%啶虫脒可湿性粉剂1 000～1 500倍液喷雾。

（四）清洁田园

及时摘除病花、病果、病叶深埋，控制病害发生和蔓延。

第二章 茄豆类蔬菜绿色生产技术

第一节 番茄绿色生产技术

一、品种选择

选用抗病、优质、丰产、耐储运、商品性好、适应市场的品种。春季栽培选择耐低温弱光、果实发育快的早、中熟品种，夏秋及秋冬栽培选择抗病毒，耐热的中、晚熟品种。

二、育苗

（一）育苗设施

根据季节、气候条件的不同选用日光温室、塑料大棚、连栋温室、阳畦、温床等育苗设施，夏秋季育苗还应配有防虫、遮阳设施，有条件的可采用盘育苗和工厂化育苗，并对育苗设施进行消毒处理，创造适合秧苗生长发育的环境条件。

（二）营养土

因地制宜地选用无病虫源的田土、腐熟农家肥、草炭、砻糠灰、复合肥等，配制营养土，要求孔隙度约60%、pH值6~7、速效磷100毫克/千克以上、速效钾100毫克/千克以上、速效氮

150 毫克/千克，疏松、保肥、保水、营养完全。将配制好的营养土均匀铺于播种床上，厚度 10 厘米。

（三）播种床

按照种植计划准备足够的播种床。每平方米播种床用福尔马林 30~50 毫升加水 3 升喷洒床土，用塑料薄膜闷盖 3 天后揭膜，待气味散尽后播种。

（四）浸种

1. 温汤浸种

把种子放入 55℃热水，维持水温均匀浸泡 15 分钟。主要防治叶霉病、溃疡病、旱疫病。

2. 磷酸三钠浸种

先用清水浸种 3~4 小时，再放入 10%磷酸三钠溶液中浸泡 20 分钟，捞出洗净，主要防治病毒病。

（五）浸种催芽

消毒后的种子浸泡 6~8 小时后捞出洗净，置于 25℃保温保湿催芽。

（六）播种期

根据栽培季节、气候条件、育苗手段和壮苗指标选择适宜的播种期。

（七）播种量

根据种子大小及定植密度，一般每亩大田用种量 20~30 克。每平方米播种床播种 10~15 克。

（八）播种方法

当催芽种子 70%以上露白即可播种，夏秋育苗直接用消毒后的种子播种。播种前浇足底水，湿润至床土深 10 厘米。水渗下后用营养土薄撒一层，找平床面，均匀撒播种子。播后覆营养土 0.8~1.0 厘米。每平方米苗床再用 8 克 50%多菌灵可湿性粉剂拌上细土均匀播洒于床面上，防治猝倒病。冬春床面上覆盖地膜，夏秋育苗床面覆盖遮阳网或稻草，70%幼苗顶土时撤除。

（九）分苗

幼苗 2 叶 1 心时，分苗于育苗容器中，摆入苗床。

（十）分苗后肥水分管理

苗期以控水控肥为主。在秧苗 3~4 叶时，可结合苗情追提苗肥。

三、定植

（一）定植前的准备

整地施基肥，一般基肥的施入量：磷肥为总施入量的 80%以上，氮肥和钾肥为总施肥量的 50%~60%。每亩施优质有机肥（有机质含量 9%以上）3 000~4 000千克，养分含量不足时用化肥补充。有机肥撒施，深翻 25~30 厘米。按照当地种植习惯作畦。

（二）定植时间

春夏栽培在晚霜后，地温稳定在 10℃以上定植。

（三）定植方法

采用大小行定植，覆盖地膜。根据品种特性、整枝方法、生长期长短、气候条件及栽培习惯，每亩定植 3 000~4 000株。

四、田间管理

（一）肥水管理

采用膜下滴灌或暗灌。定植后及时浇水，3~5 天后浇缓苗

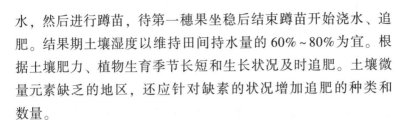

水，然后进行蹲苗，待第一穗果坐稳后结束蹲苗开始浇水、追肥。结果期土壤湿度以维持田间持水量的 60%~80% 为宜。根据土壤肥力、植物生育季节长短和生长状况及时追肥。土壤微量元素缺乏的地区，还应针对缺素的状况增加追肥的种类和数量。

（二）植株调整

用细竹竿支架，并及时绑蔓。

1. 整枝方法

番茄的整枝方法主要有 3 种：单杆整枝、一杆半整枝和双杆整枝。根据栽培密度和目的地选择适宜的整枝方法。

2. 摘心、打叶

当最上部的目标果穗开花时，留 2 片叶掐心，保留其上的侧枝。及时摘除下部黄叶和病叶。

3. 保果

在不适宜番茄坐果的季节，使用对氯苯氧乙酸等植物生长调节剂处理花穗。在灰霉病多发地区，应在溶液中加入腐霉利等药剂防病。在生产中不适宜使用 2,4-滴保花保果。

4. 疏果

除樱桃番茄外，为保证产品质量应适当疏果，大果型品种每穗选留 3~4 果，中果型品种每穗留 4~6 果。

五、采收

及时分批采收，减轻植株负担，以确保商品果品质，促进后期果实膨大。夏秋栽培必须在初霜前采收完毕。

六、病虫害防治

(一) 农业防治

针对当地主要病虫控制对象，选用高抗多抗的品种；实行严格轮作制度，与非茄科作物轮作 3 年以上，有条件的地区应实行水旱轮作；深沟高畦，覆盖地膜；培育适龄壮苗，提高抗逆性；测土平衡施肥，增施充分腐熟的有机肥，少施化肥，防止土壤富营养化；清洁田园。

(二) 物理防治

覆盖银灰色地膜驱避蚜虫；温汤浸种。

(三) 生物防治

天敌防治：积极保护利用天敌，防治病虫害。

生物药剂防治：采用植物源农药如藜芦碱、苦参碱、印楝素等和生物源农药如阿维菌素、中生菌素等生物农药防治病虫害。

(四) 主要病虫害药剂防治

1. 猝倒病、立枯病

除用苗床撒药土外，还可用噁霜灵+代森锰锌等药剂防治。

2. 灰霉病

用腐霉利、乙霉威、乙烯菌核利、武夷菌素、霜霉威等药剂防治。

3. 早疫病

用代森锰锌、百菌清、春雷霉素+氢氧化铜等药剂防治。

4. 晚疫病

用霜脲·锰锌、噁霜灵+代森锰锌、霜霉威等药剂防治。

5. 叶霉病

用武夷菌素、春雷霉素+氢氧化铜、波尔多液等药剂防治。

6. 溃疡病

用氢氧化铜、多抗霉素等药剂防治。

7. 病毒病

吗胍·乙酸铜、混合脂肪酸等药剂防治。

8. 蚜虫、粉虱

用溴氰菊酯、藜芦碱、吡虫啉、联苯菊酯等药剂防治。

9. 潜叶蝇

用阿维菌素、联苯菊酯等药剂防治。

第二节　茄子绿色生产技术

一、品种选择

选择优质、抗病、高产的品种。保护地栽培可用天津快圆茄、二苠茄、北京六叶茄等早熟品种，露地栽培可用紫光大圆茄、短把黑、茄杂 2 号等中晚熟品种。嫁接用砧木应选用根系发达、抗逆性强的野生茄，如托鲁巴姆、赤茄等。

二、用种量

每亩用种 35~50 克。

三、种子处理

（1）选用商品包衣种子。

（2）先用冷水浸种 3~4 小时，后用 50℃ 温水浸种 0.5 小时，浸后立即用冷水降温晾干后备用，或用 300 倍甲醛浸种 15 分钟，清水洗净后晾干备用，防治褐纹病。

（3）用 50% 多菌灵可湿性粉剂 500 倍液浸种 2 小时，捞出洗净后晾干备用，防治黄萎病。

四、催芽

将浸好的种子用湿布包好，放在 25~30℃ 处催芽。每天冲洗 1 次，每隔 4~6 小时翻动 1 次。4~6 天后约 60% 种子萌芽，即可播种。

五、育苗床准备

（一）床土配制

选用近几年来没有种过茄科蔬菜的肥沃园田土充分腐熟过筛，与圈粪按 2：1 比例均匀，每立方米加氮：磷：钾为 15：15：15 的三元复合肥 2 千克。将床土铺入苗床，厚度 10~15 厘米，或直接装入 10 厘米×10 厘米营养钵内，紧密码放在苗床内。

（二）床土消毒

用 50% 多菌灵可湿性粉剂与 50% 福美双可湿性粉剂按 1：1 比例混合，或 25% 甲霜灵可湿性粉剂与 70% 代森锰锌可湿性粉剂按 9：1 混合，按每平方米用药 8~10 克与 4~5 千克过筛细土混合，播种时按需部分铺在床面，部分覆在种子上。

六、播种

（一）播种期

春露地 1 月下旬至 2 月上旬，日光温室冬茬 8 月中下旬，冬春茬 12 月中下旬；嫁接苗接穗要比砧木晚播 15~20 天。

（二）方法

浇足底水，水渗后覆一层细土（或药土），将种子均匀撒播在床面，覆细土（或药土）1~1.2 厘米。

七、苗期管理

（一）间苗

分苗前间苗 1~2 次，苗距 2~3 厘米，嫁接用穗苗距 3~4 厘米。去掉病苗、弱苗、小苗及杂苗。间苗后覆土。

（二）分苗

幼苗 3 叶 1 心时（嫁接用砧木苗 2 叶 1 心）分苗。按 10 厘米行株距在分苗床开沟，坐水栽苗或分苗于 10 厘米×10 厘米营养体内。

（三）嫁接

当砧木苗 4~5 片真叶、接穗苗 3~4 片真叶时，用靠接法嫁接。将接好的苗移栽到 10 厘米×10 厘米营养钵内浇透水，码放在分苗床内。

（四）分苗后管理

缓苗后锄划 1~2 次，床土见干见湿。定植前 7 天浇透水，两天后起苗囤苗。起苗前用 1.8%阿维菌素乳油 3 000 倍液喷雾 1 次。

嫁接苗应立即覆盖小拱棚，保持棚内温度 25~30℃，前 3 天每天要遮阴 4~6 小时，中午前后喷水雾 1~2 次，保持空气相对湿度 90%以上。结合喷雾每 3 天喷 1 次复硝酚钠 6 000 倍液和 75%百菌清可湿性粉剂 500 倍液。7 天后可完全见光，10~12 天后可撤掉小拱棚。有 3~4 片叶时定植。

（五）壮苗标准

株高 20 厘米，茎粗 0.6 厘米，7~9 片叶，叶色浓绿，现蕾，根系发达，无病虫害。

八、定植前准备

（一）前茬

前茬为非茄科蔬菜。

（二）整地施肥

露地栽培采用大小行，大行距 70 厘米、小行距 50 厘米。日光温室栽培采用大垄双行，垄高 20 厘米、宽 60 厘米，垄距宽行留 30 厘米走道，窄行留 10 厘米浇水沟，沟上覆盖地膜。

基肥品种以优质有机肥、常用化肥、复混肥等为主。在中等肥力条件下，结合整地每亩施优质有机肥（以优质腐熟猪厩肥为例）5 000 千克、腐熟饼肥 800 ~ 1 000 千克、氮肥（N）3 千克（折合尿素 6.5 千克）、磷肥（P_2O_5）5 千克（折合过磷酸钙 42 千克）、钾肥（K_2O）4 千克（折合硫酸钾 8 千克）。

（三）棚室有机生态型无土栽培

按棚室面积每亩建 10 立方米沼气池，用炉渣 1/3 + 草炭 1/3 + 废棉籽皮 1/3（或锯末 1/3），混合后每立方米加 20 千克湿润沼渣，混合均匀后作为无土栽培基质。在棚室内按槽间距 72 厘米用砖砌北高南低向栽培槽（或就地挖栽培槽），槽宽 50 厘米、深 18 厘米，槽底两边高中间稍低呈钝角形，槽内铺 0.1 毫米聚乙烯农用膜，将基质装入槽内配置滴灌系统即可进行无土栽培。

（四）棚室防虫消毒

1. 设防虫网阻虫

在棚室通风口用 20~30 目尼龙网纱密封，阻止蚜虫迁入。

2. 铺设银灰膜驱避蚜虫

地面铺银灰色地膜，或将银灰膜剪成 10~15 厘米宽的膜条，挂在棚室放风口外。

3. 棚室消毒

每亩棚室用硫磺粉 2~3 千克，加 80% 敌敌畏乳油 0.25 千克，拌上锯末，分堆点燃，然后密闭棚室一昼夜，经放风无味后再定植或定植前利用太阳能高温闷棚。

九、定植

（一）定植期

春露地 4 月下旬至 5 月上旬，日光温室冬茬 9 月下旬至 10 月上旬，冬春茬 2 月下旬至 3 月上旬。

（二）密度

每亩 2 200~2 700 株。

（三）方法

按株距 40~50 厘米在垄上挖穴坐水栽苗，覆土与子叶平。

十、定植后管理

（一）水肥管理

浇水缓苗后，中耕 2~3 次。土壤见干见湿。当门茄长到核桃大小时，结合浇水，追施氮肥（N）6 千克（折合尿素 13 千克）、钾肥（K_2O）4 千克（折合硫酸钾 8 千克）。以后每隔 10 天浇 1 次水，隔一水追肥 1 次，每次每亩追施氮肥（N）2~3 千克（折合尿素 4.3~6.5 千克）。盛果期，还用 1%尿素+0.5%磷肥二氢钾+0.1%膨果素的混合液叶面追肥 2~3 次。

（二）温度管理（表6）

表6　定植后温度管理

生长时期	缓苗期		生长前期		生长中后期（结果期）	
时段	白天	夜间	白天	夜间	白天	夜间
气温（℃）	25~30	15~20	22~25	12~16	25~28	14~18

（三）湿度管理

空气相对湿度要维持在 75%以下，采用浇水及放风等措施调节湿度。

（四）植株调整

及时打掉门茄以下侧枝以及植株下部老叶、病叶。

十一、防治病虫害

（一）物理防治

黄板诱杀茶黄螨，将 100 厘米×20 厘米长方形纸板涂上黄色油漆，同时涂上一层机油，挂在植株顶部行间，每亩 30~40 块，每隔 10 天再涂一次机油或粘满螨时及时涂抹。

（二）病害防治

1. 灰霉病

用 5%乙霉威粉剂每亩用 1 千克喷粉，隔 7 天再喷 1 次。发病初期，用 40%嘧霉胺悬浮剂 1 200 倍液，或 75%百菌清可湿性粉剂 500 倍液交替喷雾，7~10 天 1 次，连喷 2~3 次。

2. 绵疫病

用 72.2%霜霉威水剂 800 倍液，或 65%代森锰锌可湿性粉剂 500 倍液，或 75%百菌清可湿性粉剂 600 倍液，或 58%甲霜・锰锌可湿性粉剂 400~500 倍液喷雾，7~10 天喷 1 次，轮换使用，连喷 3 次。

3. 褐纹病

结果初期，用 75%百菌清可湿性粉剂 500 倍液，或 80%代森锰锌可湿性粉剂 600 倍液，或 50%琥胶肥酸铜可湿性粉剂 400~500 倍液喷雾，7~10 天喷 1 次，轮换使用，连喷 3 次。

4. 黄萎病

用 50%琥胶肥酸铜可湿性粉剂 350 倍液灌根，每株 0.3~0.5 千克，连灌 3 次，或 50%苯菌灵可湿性粉剂 1 000 倍液灌根。

5. 青枯病

用 50%琥胶肥酸铜可湿性粉剂 500 倍液，或 2%武夷菌素水剂 200 倍液，7 天喷 1 次，连喷 3 次。

(三) 虫害防治

1. 茶黄螨

用 1.8%阿维菌素乳油 3 000 倍液，棚室也可用 22%敌敌畏烟剂，每亩用药 500 克，傍晚点燃，闷棚一昼夜。

2. 二斑叶螨

选用药剂及方法同上。

第三节 辣椒绿色生产技术

一、品种选择

(一) 天鹰椒

中早熟干制小辣椒品种，是天津外贸 1976 年从日本引进三樱椒后选育出来的稳定性较好的品种，植株直立紧凑，株高 50 厘米左右，花簇生，果丛生，果实尖长细小，朝天生长，果长 4~6 厘米，果形弯曲呈鹰嘴状，油亮，辣味浓。高产地区每亩可达 300 千克。本节主要以天鹰椒为例，介绍辣椒绿色生产技术。

(二) 三樱椒

从日本引进的干制小辣椒品种，中熟，植株直立紧凑，株高 80 厘米左右，花簇生，果丛生，果实朝天生长，果长 4~6 厘米，成熟果实鲜红色，果皮光滑油亮，辣味浓。耐瘠薄，每株可着生 100 多个果实，果皮厚，商品性好，一般亩产干椒 350 千克左右。

(三) 子弹头辣椒

株高 1.0~1.2 米，开展度 50 厘米，果实成熟后深红色，极辣。品质优良，产量高，商品性好，亩产干椒可达 300 千克以上。

(四) 津鹰 1 号

该品种为杂交种，株高 50 厘米左右，分枝多、坐果率高，果簇生，果长 5~7 厘米，果面光滑，果形顺直，辣味浓。干椒

颜色深红。产量和抗病性优势突出。因果型偏大出口可能
受限。

种植品种应根据市场需求和销售渠道进行选择，如颜色、果
实大小、辣度等，不同的市场要求的质量不同。

二、用种量

育苗移栽亩用种 150 克左右，大田直播亩用种 300~500 克。

三、种子处理

（一）选择杀菌剂、杀虫剂双重包衣的种子

直接播种不用再进行处理。

（二）播前晒种

播种前要把种子摊放在向阳处，厚度约 2 厘米，暴晒 2~
3 天。

（三）药剂浸种

用 55℃温水浸种搅拌 10 分钟（可防治疫病、炭疽病）。再
用 10%磷酸三钠溶液浸种 20 分钟或 1%高锰酸钾溶液浸种 20 分
钟（防病毒病），捞出后用净水冲洗 3~4 次，洗净后放入 30℃的
温水中，常温浸种 8~10 小时。

（四）催芽

洗净种子上的黏液，风干 15~20 分钟，用湿纱布包好，放
在 28~30℃环境下催芽，每天用温水冲洗 1~2 次，4~5 天后
50%的种子出芽即可播种。

四、床土配制与消毒

(一) 床土配制

选用 3 年内没种过茄科作物的田土，与腐熟过筛的有机肥按 6:4 混合，每立方米床土加入过磷酸钙 2 千克。混合均匀后铺入苗床 10 厘米。

(二) 防治病虫草害

为防治猝倒病和立枯病，可用枯草芽孢杆菌掺入盖种细土中，或用 25% 甲霜灵可湿性粉剂与 70% 代森锰锌可湿性粉剂按 9:1 混合。按每平方米用药 8~10 克与 15~30 千克细土混合，播种时 1/3 铺于床面，2/3 盖在种子上面。

用都尔溶液防除杂草安全可靠。

(三) 预热苗床

与浸种催芽的同时，苗床灌水后严密覆盖塑料薄膜，夜间盖草苫，这样 4~5 天后床土升温有利播种。原则上 5 厘米地温稳定在 15℃ 以上时播种。

(四) 苗床规模

亩用苗床 8~10 平方米。

五、苗床播种

(1) 播种前用 72.2% 霜霉威水剂 400~600 倍液喷洒苗床，每平方用 2~4 升，按 3 厘米等行距条播或每平方米用种 20~50 克，均匀撒于床面，再盖上细土，厚度 6~7 毫米。

(2) 播种后，撒毒饵防治蝼蛄等地下害虫。覆盖地膜。

六、苗床管理

（1）播种后白天 25~30℃、夜间 16~18℃，齐苗后掌握白天 22~28℃、夜间 14~16℃。放风口一定要用防虫网封严，防止蚜虫、灰飞虱等害虫进入。幼苗开始出土时，及时去掉地膜，并覆盖约 3 毫米厚的细土。齐苗后，再覆土约 5 毫米。对过密处进行疏苗。

（2）小苗 2~3 片叶时及时间苗，保持苗距 3~4 厘米。温度为白天 20~25℃、夜间 15~17℃。气温升高注意及时放风。

（3）3 月下旬揭膜炼苗，定植前喷洒 0.2% 硫酸锌 +0.2% 磷酸二氢钾溶液 +10% 吡虫啉 3 000 倍液。

（4）苗龄 60 天、苗高 15~20 厘米、4~5 片真叶时带土定植。

七、合理施肥

辣椒需肥规律：高氮、高钾、低磷。

试验证明，天鹰椒纯氮、纯磷最佳亩用量分别为 18.6 千克和 5.45 千克。当氮肥量一定时，天鹰椒产量随磷肥用量的增加呈抛物线形，即随着磷肥用量的增加，产量提高；达到一定产量后，再增加磷肥用量，产量反而明显下降。

天鹰椒全生育期化肥用量，每亩尿素 35 千克、磷酸二铵 12.5 千克、硫酸钾 35 千克。其中磷酸二铵、硫酸钾做底肥施入，尿素 15 千克做底肥、8 千克于打顶后施入、12 千克盛花期追施。

八、定植

天鹰椒最怕雨涝，田间积水数小时，植株就会萎蔫，严重时成片死亡，应推广小高垄地膜双行覆盖栽培。在天鹰椒定植前起好垄，垄高 10 厘米，垄宽 50 厘米，垄距 40 厘米。一垄双行，行距 40 厘米，穴距 30 厘米左右，一穴双株，每亩约 5 000 穴。

天鹰椒与玉米间作，优势互补，效益较高，一般栽 4 行辣椒种 1 行玉米，玉米应选择中熟或中早熟大穗型的品种，既能起到诱集棉铃虫的作用，又可获得较高的玉米产量。玉米采取30 厘米一穴，一穴双株，每亩可种植天鹰椒 8 800 株、玉米2 200 株，在保证天鹰椒产量的同时，每亩可多收玉米 400千克。

天鹰椒 4 月 25 日前后定植，玉米在 5 月下旬至 6 月初人工点播。移栽前 2~5 天喷 1 次 72%霜脲·锰锌可湿性粉剂 1 000 倍液或 64%噁霜灵可湿性粉剂 500 倍液防治疫病，带药移栽，有效预防疫病、立枯病等病害。移栽后 3~5 天，再喷 1 次上述药剂。重茬地 10~15 天再喷 1 次。定植前苗床浇透水，待水渗后起苗定植，定植后要及时浇水。

在移栽辣椒秧时，将秧苗平放，把秧苗茎的 2/3 埋入土中，并除去茎上的（部分）叶片，然后盖土 10~12 厘米，栽植时，将秧苗尾部朝北，便于以后茎直立。

九、定植后管理

（1）浇缓苗水时亩追尿素 5 千克，及时中耕培土，适当蹲苗。

（2）6月中下旬，苗子长到13～16片真叶，田间大部分植株顶端出现花蕾时，打顶，促其腋芽萌发形成果枝，打顶后亩施尿素10千克。

（3）盛花期亩施尿素15千克（底肥未施钾肥的地块，增施钾肥）。对于旺长椒田，盛花后亩用多效唑20～25克兑水15千克喷雾，控制旺长。

（4）天鹰椒既不耐旱，也不耐涝。土壤过干，植株生长势弱，并易感染病毒病，田间积水24小时开始落叶，严重的萎蔫死亡。椒田土壤应见干见湿，雨后及时排水。伏期雨后用井水灌溉降低地温，可有效预防生理性病害发生，雨后浇水以傍晚为好。

十、大田直播天鹰椒管理

（一）播种期

天鹰椒出苗所需温度与棉花相当，当5厘米地温稳定在15℃以上时即可播种，河北省中南部一般在4月15日前后播种是最适宜的播种期，其他地区应根据当地历年的气象资料来确定。为了方便田间作业玉米播种期以5月底至6月初天鹰椒定苗后播种为宜。

（二）播种方法

采用小粒种子覆膜播种机达到起垄播种覆膜一次完成，亩播量300～500克，播种深度不可超过2厘米，一垄双行，行距40厘米，每播4行留1行待以后种植玉米，留出来的1行空地为天鹰椒苗期破膜放苗、间苗定苗等田间作业提供了方便。为了减轻劳动强度，直播天鹰椒应当选用除草地膜。玉米播种人工点播即

可，30 厘米一穴，一穴双株。

（三）破膜放苗

当天鹰椒出苗后子叶完全展开后及时破膜放苗，并将膜孔周围用土压严。

（四）间苗定苗

由于直播天鹰椒用种量较大，为防止幼苗拥挤形成高脚苗，天鹰椒幼苗第一片真叶展开后及时间苗，第三片叶展开后及时定苗。

间苗后喷施 1 次 72.2% 霜霉威水剂 800 倍液，或 72% 霜脲·锰锌可湿性粉剂 800 倍液防治苗期病害，定苗后管理参照育苗移栽大田管理。

十一、病虫害防治

（1）苗期注意防治蚜虫，可采用 10% 吡虫啉 2 000 倍液防治。

（2）花叶病毒病一般在 6 月开始发病，7 月下旬至 8 月上中旬达到高峰，苗期要注意蚜虫的防治，发病初期（5 叶期开始），喷洒 5% 辛菌胺乙酸盐水剂 300 倍液，或 0.5% 香菇多糖水剂 300 倍液。加入赤霉酸或磷酸二氢钾可提高防效。间隔 7~10 天再喷 1 次。

（3）棉铃虫防治：由于玉米植株具有诱集棉铃虫等成虫的作用，棉铃虫防治可在产卵期喷施苏云金芽孢杆菌制剂进行防治，重点喷洒玉米植株，每隔 5~7 天喷洒 1 次。

（4）中后期（8 月中下旬）注意防治茶黄螨，可用阿维菌素防治，隔 10 天喷 1 次，连喷 3 次。

（5）由真菌引起的病害有疫病、炭疽病（挂果成熟期易发生炭疽病），采用 72%霜脲·锰锌可湿性粉剂，或 72.2%霜霉威水剂 800 倍液防治。高温雨季来临前，结合浇水亩施 96%硫酸铜 3 千克。

（6）初果期发现细菌性斑点病（疮痂病），用中生菌素或多抗霉素防治。

病害应以预防为主，在下雨前可喷药预防，发病初期及时防治，间隔 7 天连喷 2~3 次。

（7）用 1%氯化钙或 0.3%硝酸钙预防日烧病。

（8）生长后期（结合喷药）喷施磷酸二氢钾、稀土微肥等叶面肥促进辣椒着色。辣椒收获前 7~10 天，喷洒乙烯利也可促进辣椒着色。

十二、适时收获

9 月 10—15 日及时收获玉米并将秸秆砍倒放在垄间，霜降节前拔下天鹰椒，放在干枯的玉米秸秆上晾晒 3~5 天，把天鹰椒根对根捆成小捆，自然风干，八成干时采摘。

（一）采摘时间

当晾晒的天鹰椒 85%以上手摇椒秧能听到椒籽撞击椒壁的声音时，即可摘椒。

（二）"人工回潮"好摘椒

在摘椒前 5~12 小时用喷雾器喷水，水温 25~35℃。可使椒面洁净，降低辣味对人的刺激，椒果破损少。

（三）采摘标准

把椒果对折一下然后打开，在对折线上有一条明显的白印，但对折处没有裂痕，即达采摘标准含水量 14%左右，即可出售或存放。

（四）注意事项

摘椒时要巧用"掰"劲，不要掐也不要揪，保持椒蒂不破损。

在整株晾晒、摘椒、分级挑选和存放过程中，要尽量避开阳光直射，以免降低辣椒品质。

第四节　甜椒绿色生产技术

一、品种选择

选用优质、抗病、高产的品种，如中椒 107 号、海丰 9 号、冀研 108、以色列彩椒等。

二、用种量

每亩用种 100~120 克。

三、种子处理

种子处理有 4 种方法，可根据当地常见病害任选其一。

（1）针对不同防治对象选用相应的商品包衣种子。

（2）防治病毒病，将干种子用 10%磷酸三钠溶液浸种 20 分钟，或用 1%高锰酸钾溶液浸种 20 分钟，然后用 30℃温水冲洗两次即可催芽。

（3）防治疫病和炭疽病，用 55℃温水浸种 10 分钟，再放入冷水中冷却，然后催芽播种，或将种子在冷水中预浸 6~15 小时后，用 1%硫酸铜溶液浸种 5 分钟，捞出后拌少量草木灰或消石灰，中和酸性，再播种，或用 50%多菌灵可湿粉剂 500 倍液浸种 1 小时，或用 72.2%霜霉威水剂 800 倍液浸种 0.5 小时。

（4）对细菌性病害如软腐病、疮痂病，用种子量 0.3%的 50%琥胶肥酸铜可湿粉剂拌种，或用 55℃温水浸种 10 分钟，或用 1%硫酸铜溶液浸种 5 分钟。

四、催芽

将浸好的种子用湿布包好，放在 25~30℃的条件下催芽。每天用温水冲洗 1 次，每隔 4~6 小时翻动 1 次。当 60%以上种子萌芽时即可播种。

五、育苗床准备

（一）床土配制

选用 3 年未种过茄科蔬菜的肥沃园田土与充分腐熟过筛圈粪按 2∶1 比例混合均匀，每立方米加三元复合肥 2 千克。将床土铺入苗床，厚度 10~15 厘米，或直接装入 8 厘米×8 厘米营养钵内，紧密码放在苗床内。

（二）床土消毒

每平方米用甲醛 300~500 毫升，加水 3 升，喷洒床土，用塑料膜密闭苗床 5 天，揭膜 15 天后再播种。

用 50%多菌灵可湿性粉剂与 50%福美双可湿性粉剂按 1∶1 比例混合，或 25%甲霜灵可湿性粉剂与 70%代森锰锌可湿性粉剂按 9∶1 混合，按每平方米用药 8~10 克与 15~30 千克过筛细土混合，播种时

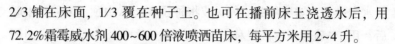

2/3 铺在床面，1/3 覆在种子上。也可在播前床土浇透水后，用 72.2%霜霉威水剂 400~600 倍液喷洒苗床，每平方米用 2~4 升。

（三）育苗器具消毒

对育苗器具用 0.1%高锰酸钾溶液喷淋或浸泡消毒。

六、播种

（一）播种期

日光温室冬春茬 11 月中下旬，中、小拱棚 12 月下旬至 1 月下旬，保护地秋延后 4 月下旬至 5 月中旬，秋冬茬 7 月中下旬。

（二）播种方法

浇足底墒水，水渗后覆一层细土（或药土），将种子均匀撒播于床面，覆细土（或药土）1~1.2 厘米。

七、苗期管理

（一）温度管理（表 7）

表 7　苗期温度管理

生长时期	适宜日温（℃）	适宜夜温（℃）
播种至齐苗	25~32	20~22
齐苗至分苗	23~28	18~20
分苗至缓苗	25~30	18~20
缓苗至定植前 7 天	23~28	15~17
定植前 7 天至定植	18~20	10~12

（二）间苗

分苗前间苗 1~2 次，苗距 2~3 厘米。去掉病苗、弱苗、小苗及杂苗。间苗后覆细土 1 次。

（三）分苗

幼苗 3 叶 1 心时分苗。按 8 厘米行株距在分苗床开沟，坐水栽双苗或直接将双苗分栽在 8 厘米×8 厘米营养钵内。

（四）分苗后管理

分苗后锄划 1~2 次，保持床土温润，超过 28℃放小风，在此期间叶面喷施 0.05%~0.1%的硫酸锌 1 次；在苗 4~5 片真叶时用 N14+S52 弱毒株系 100 倍液兑少量金刚砂，用 2~3 千克压力喷枪喷雾，或于定植前 15 天用 N14 或 83 增抗剂 50 倍液喷洒 1 次幼苗，定植前 7 天浇 1 次水，1~2 天后起苗囤苗。

（五）壮苗标准

株高约 18 厘米，茎粗约 0.4 厘米，10~12 片叶，叶色浓绿，现蕾，根系发达，无病虫害。

八、定植前准备

（一）前茬
前茬为非茄科蔬菜。

（二）整地施肥

露地栽培采用大小行，大行距 60~80 厘米，小行距 40 厘米。日光温室栽培采用大垄双行，垄高 20 厘米，宽 60 厘米垄断宽行留 30 厘米走道，窄行留 10 厘米浇水沟，沟上覆盖地膜。

基肥以优质有机肥、常用化肥、复混肥等为主。在中等肥力条件下，结合整地每亩施优质有机肥（以优质腐熟猪厩肥为例）5 000 千克、氮肥（N）4 千克（折合尿素 8.7 千克）、磷肥

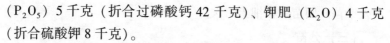

（P_2O_5）5 千克（折合过磷酸钙 42 千克）、钾肥（K_2O）4 千克（折合硫酸钾 8 千克）。

（三）棚室有机生态型无土栽培

按棚室面积每亩分别建 10 立方米沼气池。用炉渣 1/3+草炭 1/3 废棉籽皮 1/3（或锯末 1/3），混合后每立方米加 20 千克湿润沼渣，混合均匀后作为无土栽培基质。在棚室内按槽间距 72 厘米用砖砌北高南低向栽培槽（或就地挖栽培槽），槽宽 50 厘米、深 18 厘米，槽底两边高中间稍低呈钝角形，槽内铺 0.1 毫米聚乙烯农膜，将基质装入槽内配置滴灌系统即可进行无土栽培。

（四）设防虫网阻虫

在棚室通风口用 20~30 目尼龙网纱密封，阻止蚜虫迁入。

（五）铺设银灰膜驱避蚜虫

地面铺银灰色地膜，或将银灰膜剪成 10~15 厘米宽的膜条，挂在棚室放风口外。

（六）棚室消毒

每亩棚室用硫磺粉 2~3 千克，加 80% 敌敌畏乳油 0.25 千克，拌上锯末，分堆点燃，然后密闭棚室一昼夜，经放风无味后再定植，或定植前利用太阳能高温闷棚。

九、定植

（一）定植期

春露地 4 月下旬至 5 月上中旬，日光温室秋冬茬 9 月中下旬，冬春茬 2 月上中旬，中小拱棚 3 月中下旬。

（二）密度

每亩 3 800~4 200 穴，行穴距（50~60）厘米×（25~

30）厘米，每穴双株。在平畦、半高垄、半高畦上按大小行距，株距要求错开挖深 10~12 厘米定治穴，坐水栽苗，水渗后覆土不超过子叶。

十、定植后管理

（一）水肥管理

定植后浇一次缓苗水，中耕 2~3 次。平畦栽培要结合中耕培土。保持土壤湿润。露地栽培遇雨及时排水。

门椒坐稳后，结合浇水每亩追施氮肥（N）3 千克（折合尿素 6.5 千克）、钾肥（K_2O）2~3 千克（折合硫酸钾 4~6 千克）。第一次采收后结合浇水追肥 2 次，每次每亩追施氮肥（N）4 千克（折合尿素 8.7 千克）。

在土壤缺乏微量元素情况下，现蕾至结果期喷施相应的微量元素肥料。

（二）温度管理（表8）

表8　定植后各阶段温度管理

生长时期	缓苗期		生长前期		生长中后期（结果期）	
时段	白天	夜间	白天	夜间	白天	夜间
气温（℃）	28~32	18~20	25~28	16~18	25~30	18~20

（三）湿度管理

生长期间适宜的空气相对湿度为 50%~75%。采用浇水及放风等措施调节湿度。

（四）植株调整

及时打掉门椒以下侧枝。生长中后期及时摘除老叶、病叶，

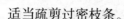

适当疏剪过密枝条。

十一、病虫害防治

（一）物理防治

1. 银灰膜驱蚜虫

覆银灰色地膜防蚜虫或用 10 厘米宽银灰色地膜条，按间距 10~15 厘米纵横拉成网状避蚜。

2. 黄板诱杀蚜虫和白粉虱

用废旧纤维板或纸板剪成 100 厘米×20 厘米的长条，涂上黄色漆，同时涂一层机油，挂在行间或株间，高出植株顶部，每亩挂 30~40 块，当黄板粘满蚜虫和白粉虱时，再重涂一层机油，一般 7~10 天重涂一次。

（二）药剂防治病害

1. 青椒疫病

（1）发病初期，每亩用 45%百菌清烟剂 110~180 克熏蒸，7 天熏 1 次，视病情轻重熏 3~4 次。

（2）每亩用 5%百菌清粉剂 1 千克喷粉，7 天喷 1 次，连喷 2~3 次。

（3）发病初期，用 72%霜脲·锰锌可湿性粉剂 800 倍液，或 70%乙铝·锰锌可湿性粉剂 500 倍液喷雾。

（4）中后期发现中心病株后，用 72%霜脲·锰锌可湿性粉剂 600~800 倍液灌根，每穴 100~200 毫升。

2. 青椒炭疽病

（1）保护地熏蒸。

（2）发病初期，用 80%代森锰锌可湿性粉剂 600 倍液，或

80%福·福锌可湿性粉剂 600~800 倍液，或 75%百菌清可湿性粉剂 600 倍液喷雾，7~10 天喷 1 次，连喷 2~3 次。

3. 青椒病毒病

（1）早期（苗期）防治蚜虫：用 10%吡虫啉可湿性粉剂 1 500 倍液，或 5%高效氯氰菊酯乳油 1 000 倍液喷雾。

（2）初发病用 0.5%香菇多糖水剂 400~500 倍液喷雾，7 天喷 1 次，一般连喷 3 次。

4. 疮痂病

发病初期，用 50%琥胶肥酸铜可湿性粉剂 500 倍液，或 14%络氨铜水剂 300 倍液喷雾，7~10 天 1 次，连喷 2~3 次。

（三）药剂防治虫害

1. 棉铃虫

当百株卵量达 20~30 粒时开始用药，选用 1.8%阿维菌素乳油 3 000 倍液，或 5%啶虫脒乳油 2 500 倍液，或 10%联苯菊酯乳油 3 000 倍液喷雾。

2. 烟青虫

防治方法同棉铃虫。

3. 白粉虱

用 10%吡虫啉可湿性粉剂 1 000~1 500 倍液，或 3%啶虫脒乳油 2 000 倍液喷雾。

4. 清理病残体

定植后及时消除病叶，拔除重病株，带到田外深埋或烧毁。整枝、打杈等农事操作前用肥皂水洗手，防止传播病毒病。及时打掉门椒以下侧枝。生长中后期适当疏剪过密枝条。

十二、采收

门椒、对椒要及时采收，防坠秧，盛果期可按市场需求及时采收。

第五节　菜豆绿色生产技术

一、品种选择

选用优质、抗病性强、适应性广、商品性好的品种，如：矮生种的地豆王一号、供给者等；蔓生种的绿龙、架豆王、保丰1号、白不老等。

二、用种量

直播每亩用种 6~8 千克。

三、种子处理

（一）干燥处理

将经过筛选的种子晾晒 12~24 小时，严禁暴晒。

（二）浸种

棚室栽培播种前用 30℃ 温水浸种 2 小时，捞出播种，促其早出苗。露地菜豆要干籽直播，防止春季低温或夏季高温条件下烂种。

（三）增产剂处理

可用根瘤菌或钼酸铵每千克种子加 2~5 克，用少量水溶解后拌种。

四、播种前准备

（一）前茬
前茬为非豆科作物。

（二）整地施肥
露地种植作平畦，地膜覆盖和保护地种植也可采用半高畦，畦高 10~15 厘米。

（三）基肥
基肥以优质有机肥、常用化肥、复混肥等为主。在中等肥力条件下，结合整地每亩施优质有机肥（以优质腐熟猪厩肥为例）3 000 千克、氮肥（N）3 千克（折合尿素 6.5 千克）、磷肥（P_2O_5）6 千克（折合过磷酸钙 50 千克）、钾肥（K_2O）4 千克（折合硫酸钾 8 千克）。

（四）苗床消毒
用 50%多菌灵可湿性粉剂 500 倍液均匀浇灌。

五、播种

（一）播种期
春茬 4 月中旬至 5 月中旬，秋茬 7 月上旬至 8 月上旬，日光温室春茬 2 月上旬至 2 月中旬。育苗移栽提前 12~20 天播种，用塑料营养钵或纸袋育苗。

（二）方法
按行穴距要求挖穴点播，每穴 3~4 粒种子，覆土 3~4 厘米，稍加踩压。播种时如土壤墒情不好，应提前 2~3 天浇水造墒后播种。

矮生种每亩5 000~5 500穴，行穴距（40~50）厘米×30厘米；蔓生种每亩为2 300~3 000穴，行穴距（70~80）厘米×（30~35）厘米。

（三）棚室消毒

以下两种棚室消毒方法，可任选一种。

（1）用福尔马林50~100倍液，每平方米用药液1~1.5千克，密闭一昼夜之后放风，7~10天后定植。

（2）用50%多菌灵可湿性粉剂500倍液，或50%福美双可湿性粉剂300倍液对棚室的土壤、屋顶及四周表面进行喷雾消毒。

六、苗期管理

出苗后至开花前的一段时间，一般不浇水，中耕除草2~3次，中耕要结合培土。发现缺苗要及时坐水移栽补苗。蔓生种甩蔓搭架前，结合浇水追肥1次，每亩追施腐熟粪稀500~1 000千克或埋施腐熟鸡粪200千克。

日光温室苗期的适宜温度白天为20~25℃、夜间为12~18℃。苗龄25~30天，2片复叶时，及时定植。

七、开花结荚期

（一）温度湿度管理

浇水的原则是前期浇荚不浇花，以后保持土壤见干见湿。当第一花序嫩荚坐住3~4厘米长时，结合浇水每亩追施氮肥（N）4千克（折合尿素8.7千克）、钾肥（K$_2$O）1~2千克（折合硫酸钾 2 ~ 4 千克）；进入开花结荚盛期，每亩追施氮肥（N）2 千克（折合尿素 4.3 千克）、钾肥（K_2O）1~2 千克（折合硫酸钾 2~4 千克）。蔓生种视生长情况还可追肥 1~2 次。此期可用 0.2%磷酸二氢钾溶液，或 2%过磷酸钙浸出液加 0.3%硫酸钾等其他叶面肥，进行 2~3 次叶面追肥。

日光温室菜豆此期的适宜温度白天 22 ~ 26℃、夜间 13 ~ 18℃。空气相对湿度 65%~75%为宜。

（二）插架

蔓生种甩蔓时要插架（可吊绳），并及时引蔓上架。日光温室菜豆爬满架时，可摘除主蔓顶芽，促使侧枝生长开花结荚。及时摘除下部老叶、病叶，以利通风透光。

八、采收

根据品种特点，嫩荚长到一定大小时，及时采摘，防止老化。

九、防病虫害

各农药品种的使用要严格执行安全隔期。

（一）物理防病虫害

1. 铺设银灰膜驱避蚜虫

每亩铺银灰色地膜 5 千克，或将银灰膜剪成 10~15 厘米宽的膜条，膜条间距 10 厘米，纵横拉成网眼状。

2. 黄板诱杀蚜虫

在棚室内设置 100 厘米×10 厘米规格的黄板，在板上涂机油（加少量黄油），每 20 平方米设 1 块，设置于行间，与植株高度相平，7~10 天重涂 1 次机油，诱杀温室白粉虱、蚜虫和美洲斑潜蝇。

（二）药剂防治虫害

1. 蚜虫

当秧苗蚜株率达 15% 时，定植后蚜株率达 30% 时，用 10% 吡虫啉可湿性粉剂 1 500 倍液，或 50% 抗蚜威可湿性粉剂 2 000~3 000 倍液喷雾。

2. 白粉虱

用 22% 敌敌畏烟剂熏蒸，每亩用药量 0.5 千克，于傍晚密闭棚室熏蒸。在白粉虱数量不多时进行早期喷药，用 10% 吡虫啉可湿性粉剂 1 000 倍液，或 3% 啶虫脒乳油 1 500 倍液喷雾。

3. 红蜘蛛

当点片开始侵害时，以叶片背面为重点喷药。可轮换使用 1.8% 阿维菌素乳油 3 000 倍液，或 15% 哒螨酮乳油 1 500 倍液喷雾。

4. 豆野螟

在盛花期或 2 龄幼虫盛发期时喷第 1 次药，7 天喷 1 次，连喷 2~3 次。一般在清晨花开放时喷药，喷药重点花蕾、花朵和嫩荚，落在地上的花、荚也要喷药。药剂可用 1.8% 阿维菌素乳油 3 000~4 000 倍液，或 2.5% 氯氰菊酯乳油 800~1 000 倍液喷雾，同时兼治棉铃虫等其他鳞翅目害虫。

5. 美洲斑潜蝇

每亩用 22% 敌敌畏烟剂 0.5 千克，于傍晚密闭棚室熏蒸。在产品卵盛期至孵化初期用 1.8% 阿维菌素乳油 3 000~4 000 倍液，或 15% 氟虫腈悬浮剂 1 000~1 500 倍液喷雾。

(三) 药剂防治病害

1. 病毒病

发病初期，用5%辛菌胺乙酸盐水剂250倍液，或0.5%香菇多糖水剂300~500倍喷雾，7天1次，连喷3次以上。

2. 锈病

发病初期，喷施15%三唑酮可湿性粉剂2 000倍液，或2.5%丙环唑乳油4 000倍液，15天再防治1次。

3. 炭疽病

用45%百菌清烟剂熏棚室，每亩用药110~180克，分放5~6处，于傍晚闭棚过夜，7天1次，连熏3~4次。用50%硫菌灵可湿性粉剂800~1 000倍液，或50%咪鲜胺可湿性粉剂2 000倍液喷雾，或80%福·福锌可湿性粉剂600~800倍液喷雾，7~10天喷1次，连续用药2~3次。

4. 灰霉病

烟熏法，同炭疽病。

开始发病时，可用40%嘧霉胺可湿性粉剂1 200倍液，或50%腐霉利可湿性粉剂600倍液，7~10天喷1次，连喷2次。

5. 枯萎病

零星发病时，用50%咪鲜胺可湿性粉剂1 500~2 500倍液，或50%多菌灵可湿性粉剂500倍液，或50%甲基硫菌灵可湿性粉剂500~600倍液灌根，每株用药液0.25升。

6. 细菌性疫病

发病初期，喷洒80%多抗霉素可溶性粉剂500倍液，或77%氢氧化铜可湿性粉剂500倍液，7~10天喷1次，连喷2~3次。

第三章　葱姜蒜韭菜类蔬菜绿色生产技术

第一节　大葱绿色生产技术

一、品种选择

选用优质、抗病、高产的品种，如章丘大葱、隆尧大葱等。

二、用种量

每亩用种 3~4 千克。

三、种子处理

用 55℃ 温水搅拌浸种 20~30 分钟，或用 0.2% 高锰酸钾溶液浸种 20~30 分钟，捞出洗净晾干后播种。

四、育苗床准备

选地势平坦、排灌方便、土质肥沃，近三年未种过葱蒜类蔬菜的地块。结合整地每亩施腐熟有机肥 6 000~8 000 千克，磷酸二铵 20 千克。浅耕细耙，整平作畦。

五、播种

（一）播种期

秋播 9 月中旬至 10 上旬，春播 3 月中旬至 4 月上旬。

（二）方法

浇足底水，水渗后将种子撒播于床面，覆细土 0.8 ~ 1.0 厘米。

（三）控制杂草

在播种后出苗前，用 33% 二甲戊灵乳油每亩 150 克，兑水 30 ~ 50 千克喷洒床面。

（四）苗期管理

秋播苗。苗出齐后，保持土壤见干见湿，适当控制水肥，上冻前浇一次冻水，寒冷地区可覆盖一层马粪或碎草等防冻害。幼苗株高 8 ~ 10 厘米，3 片叶时越冬最佳。翌年春季土壤解冻后及时浇返青水，幼苗返青后结合浇水每亩追施氮肥（N）4 千克（折合尿素 8.7 千克）。间苗 1 ~ 2 次，苗距 3 ~ 4 厘米见方，定植前 7 ~ 10 天停止浇水。

春播苗。播种后可覆盖地膜，保温保湿，幼苗出土后及时撤膜，随着天气变暖，加强水肥管理，保持土壤湿润，结合浇水每亩追施氮肥（N）4 千克（折合尿素 8.7 千克）。及时间苗和除草。

（五）壮苗标准

株高 30 ~ 40 厘米，6 ~ 7 片叶，茎粗 1.0 ~ 1.5 厘米，无分蘖，无病虫害。

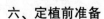

六、定植前准备

(一) 前茬
前茬为非葱蒜类蔬菜。

(二) 整地施肥
地要深耕细耙，在中等肥力条件下结合整地，每亩撒施优质有机肥4 000千克（以优质腐熟猪厩肥为例）、氮肥（N）3千克（折合尿素6.5千克）、磷肥（P_2O_5）5千克（折合过磷酸钙42千克）、钾肥（K_2O）4千克（折合硫酸钾10千克）。以含硫肥料为好。定植前按行距开沟，沟深30厘米，沟内再集中施用磷钾肥，刨松沟底，肥土混合均匀。

七、定植

(一) 定植期
6月中下旬定植。

(二) 密度
每亩12 000～22 000株，行株距（60～80）厘米×（5～7）厘米。

(三) 方法
葱苗要分级，按大、中、小苗分开定植。

干插法。在开好的葱沟内，将葱苗插入沟底，深度以不埋住五杈股为宜，两边压实后再浇水。也可采用湿插法，即先浇水，后插葱。

八、定植后管理

（一）中耕除草

定植缓苗后，天气逐渐进入火热夏季，植株处于半休眠状态，一般不浇水，中耕保墒，清除杂草，雨后及进排出田间积水。

（二）浇水

进入 8 月，大葱开始旺盛生长，要保持土壤湿润，逐渐增加浇水次数和加大水量，收获前 7~10 天停止浇水。

（三）追肥

追肥品种以尿素、硫酸铵为主；结合浇水，分别于立秋、白露两个节气，每亩追施氮肥（N）4 千克（折合尿素 8.7 千克）进行。生长中后期还可用 0.5% 磷酸二氢钾溶液等叶面追肥 2~3 次。

（四）培土

为软化葱白，防止倒伏，要结合追肥浇水进行 4 次培土。将行间的潮湿土尽量培到植株两侧并拍实，以不埋进五杈股（外叶分杈处）为宜。

九、病虫害防治

（一）物理防治

用糖、醋、酒、水、97% 敌百虫原药按 3∶3∶1∶10∶0.5 的比例配成溶液，装入直径 20~30 厘米的盆中放到田间，每亩放一盆，随时添加溶液，保持不干，诱杀葱蝇等害虫。

（二）药剂防治病害

1. 霜霉病

发病初期，喷洒 72%霜脲·锰锌可湿性粉剂 800～1 000倍液，64%噁霜灵可湿性粉剂 500 倍液，72.2%霜霉威水剂 800 倍液，7~10 天 1 次，连续防治 2~3 次。

2. 锈病

发病初期，喷洒 15%三唑酮可湿性粉剂 2 000～2 500倍液，或 20%萎锈灵乳油 700～800 倍液，或 25%丙环唑乳油 3 000溶液，10 天左右 1 次，连续防治 2~3 次。

3. 紫斑病

发病初期，喷洒 75%百菌清可湿性粉剂 500～600 倍液，或64%噁霜灵可湿性粉剂 500 倍液，或 58%甲霜·锰锌可湿性粉剂500 倍液，或 50%异菌脲可湿性粉剂 1 500倍液，7～10 天喷洒 1次，连续防治 3~4 次，均有较好的效果。

4. 黑斑病

发病初期，喷洒 75%百菌清可湿性粉剂 600 倍液，或 50%异菌脲可湿性剂 1 500倍液，或 64%噁霜灵可湿性粉剂 500 倍液，或 50%琥胶肥酸铜可湿性粉剂 500 倍液，7～10 天喷洒 1 次，连续防治 3~4 次。

5. 灰霉病

发病初期，轮换施用 50%腐霉利可湿性粉剂或 20%嘧霉胺可湿性粉剂 1 000～1 500倍液，或 25%甲霜灵可湿性粉剂 1 000倍液喷雾。

6. 疫病

发病初期，喷洒 72%霜脲·锰锌可湿性粉剂 800 倍液，或

72.2%霜霉威水剂800倍液，7~10天1次，连续防治2~3次。

7. 白腐病

病田在播种后约5周喷洒50%甲基硫菌灵湿性粉剂600倍液，或50%异菌脲可湿性粉剂1 000~1 500倍液灌根淋茎。

8. 菌核病

发病初期，喷洒50%甲基硫菌灵可湿性粉剂400~500倍液，或50%异菌脲可湿性粉剂1 000~1 500倍液，或50%乙烯菌核利可湿性粉剂1 000倍液，7~10天1次，连续防治2~3次。

9. 软腐病

发病初期，喷洒50%琥胶肥酸铜可湿性粉剂500倍液，或70%氢氧化铜可湿性粉500倍液，视病情7~10天1次，防治1~2次。及时防治葱蓟马等。

10. 黄矮病

发病初期，喷洒20%吗胍·乙酸铜可湿性粉剂500倍液，10天左右1次，防治1~2次。及时防治传毒蚜虫和葱蓟马。

(三) 药剂防治害虫

1. 葱地种蝇

在成虫发生期，用2.5%溴氰菊酯乳油3 000倍液，或20%氯氰菊酯乳油3 000倍液，7天1次，连续喷2~3次。已发生地蛆的菜田可用20%噻虫嗪悬浮剂1 000倍液灌根。

2. 葱斑潜蝇

用1.8%阿维菌素乳油3 000倍液，或用75%灭蝇胺可湿性粉剂2 000倍液喷雾防治。

3. 葱蓟马

可用20%噻虫嗪悬浮剂1 000倍液，或20%氯氰菊酯乳油

2 000倍液喷雾。

4. 甜菜夜蛾

卵盛期用5%甲氨基阿维菌素苯甲酸盐乳油2 500～3 000倍液，或在幼虫3龄前用20%氯虫苯甲酰胺悬浮剂2 000倍液喷雾，晴天傍晚用药，阴天可全天用药。

十、收获

大葱的收获期，因地区气候差异有早晚。一般当外叶生长基本停止，叶色变黄绿，在土壤封冻前15～20天为大葱收获适期。

第二节　生姜绿色生产技术

一、选好姜种

（1）选生茬田的姜做姜种。重茬地或毛病田的最好不要做姜种。因为姜腐烂病危害很严重，其病菌可在土壤中存活2年以上。

（2）选单一品种的姜做姜种。姜种尽量单一，避免混杂。姜种中如果掺杂了其他品种，种植后，长势差异明显，产量会受到影响。建议选择长势好、产量高、品质好、适合当地气候条件的优势品种。

（3）选择头一年生长健壮、姜块肥大、丰满、色泽光亮、肉质新鲜、不干缩、不腐烂、未受冻、无病虫害，掰开后正常颜色为白、黄，成熟度高，干物质积累多的姜做姜种。

二、催好姜芽

（一）晒姜

播种前 20~30 天，一般在 3 月 10 日前后，姜种白天平铺于草席或干净的土地摊晒 2~3 天。注意，姜块两面都要晒到，以利于提高姜块温度，促进内部养分分解，彻底打破姜种的休眠状态，此举只为破眠。

（二）困姜

把晒好的姜用网兜或透气的筐装好放到室内覆以草帘堆放 2~3 天。一定要注意透气，困姜是为了促进养分分解，早出芽。

（三）催芽

困姜后，采用暗光火炕加温的方法进行催芽。具体方法：用厚帘将窗光线遮住，使室内形成黑暗环境。在土炕上铺一层木板，再铺一层草帘，炕沿及窗台两侧用砖砌垒 70~80 厘米，把姜种摆放在草帘上，厚度不超 80 厘米，上盖双层牛皮纸，再覆以棉被或麻袋。通过炉灶加温，开始保持温度 18~20℃，5~6 天后升到 22~24℃，促使姜芽迅速萌发。催芽 15 天，把姜种上下翻倒 1 次，使姜堆温度均匀，通风透气，防止腐烂，当芽长 1~1.5 厘米、粗 0.5~1 厘米，色泽鲜黄光亮，顶部钝圆，芽基部仅见根的突起时，即可播种。此时的芽可称为"短壮芽"。

三、严格选地，避免连作

重茬连作会导致地下病虫害蛴螬等发生严重。重茬的大姜地土壤中积累大量的有机酸，会影响作物对各种养分的吸收，出现大姜苗期生长迟缓、死苗率高的现象。连续种植 3 年以上，产量减少 10% ~ 40%，连续种植 5 年以上，减产幅度会更大。

缓解大姜重茬的方法如下。

（一）轮作倒茬

姜瘟病菌可以在土壤中存活 2 年以上，轮作倒茬是切断土壤传菌的主要途径。对发病重的地块，最好与玉米、小麦等禾本科或葱蒜类作物进行轮作。

（二）多施用农家肥、生物菌肥

农家肥营养丰富，能够改善土壤的结构，利于土壤微生物的生长繁殖。生物菌肥中的有益微生物可以抑制或杀死土传病菌，修复土壤微生物菌群，土壤微生物不仅可以抑制土壤病害的发生，还能分解转化土壤中的毒害物质及各种养分，降解根系"自毒现象"产生的分泌物，并加速释放被土壤固定的磷钾和中微量元素等。

（三）客土深翻

在秋季大姜收获后土壤上冻前对土壤进行深翻，一般要求深翻 35 厘米以上。在寒冷的条件下，深翻土壤可以灭杀大量的越冬病虫卵，降低来年的发病基数。客土深翻，还可以打破犁底层，增加土壤疏松度，改良土壤，增加土壤透气性。

（四）增施中微量元素和稀土元素

在施足有机肥的基础上，需增施微量元素锌、硼等和稀土元素。稀土元素不仅可以增强光合作用、促进姜种萌发和根系生长，还可提高抗逆和抗病性。

四、适时播种，合理密植

露天地膜栽培一般于 4 月下旬播种，播种时按照上齐下不齐的原则摆放到预先作好的姜沟内，姜芽向上，行距40厘米，株距在16～20厘米，播种后立即覆土，厚度以4～5厘米为宜，同时荡平沟底。

大姜种植一般都覆膜，注意用好膜，在姜种播种后出土前，应当经常查看地膜是否完好，如果发现破损或被风吹开，应当及时封堵好，在大姜幼苗长到5～10厘米时，就应当及时破膜放苗。

五、施足基肥，科学追肥

大姜较耐肥，生长期较长，应采取施足基肥、多次追肥的原则，每亩施猪牛粪1 500～2 500千克、钾肥10～15千克作基肥。大姜幼苗期对于养分的要求不是很高，主要依靠姜母供给养分。但当苗高30厘米左右，并具有1～2个小分枝时，要结合浇水亩施尿素或磷酸二铵20千克左右。以后每隔20天追1次，苗期以氮肥为主，根茎膨大期多施钾肥。

旱浇涝排，及时培土。大姜幼苗期植株小，生长慢，需水不多，但幼苗期对水分要求比较严格，不可缺水。应小水勤浇，始终保持土壤湿润。浇水均匀，不可忽干忽湿。对于使用滴灌设施浇水的地块，一定要在浇水前仔细检查滴灌带，若发现有虫咬的迹象要及时更换，保证浇水均匀。

夏季气温高，天气炎热，浇水要趁一早一晚进行。夏季暴雨后应及时浇园，俗称"涝浇园"，同时注意及时排水，以免出现内涝，导致姜块腐烂。

大姜根茎的生长需要黑暗湿润的环境，随着根茎的向上生长，根茎容易露出地面，表皮变厚，品质变劣，因此要进行培

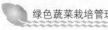

土。如果收嫩姜，培土要深些，使子姜长度增加，质地脆嫩。如果收老姜，培土要浅些，使根茎粗壮老健。

六、病虫害综合防治

病虫害防治本着治准、治早、治小的原则，发现病株，早期用药，一药多治，减少农药使用量。

病害主要是姜腐败病，即姜瘟，主要为害叶及根茎部，以高温期发病重。防治方法：实行轮作换茬，选用无病种姜，防止病田水流入灌溉，药剂可用 50%代森锰锌可湿性粉剂 800 倍液，7~10 天 1 次。

根结线虫表现出来就是癞皮病，应以预防为主，常以阿维菌素、噻唑膦等常规药物预防为主，两种复配，效果相对来说更好。

七、收获

生姜一季栽培，全年消费，从 7—8 月即可陆续采收，早采产量低，但产值高，在生产实践中，菜农根据市场需要进行分次采收。

第三节　大蒜绿色生产技术

一、播种时间

秋播区域，露地可在 9 月下旬至 10 月上旬，地膜覆盖的可推迟 7~10 天；春播区域，露地应顶凌播种。

二、品种选择

选择耐寒、生长势强、抗病、蒜头大、抽薹率高、耐贮、辣香味浓的品种，如苍山大蒜、永年白蒜、定州紫皮蒜等。

三、用种量

每亩用种 50~100 千克。

四、蒜种处理

（一）分级

将鳞茎（蒜头）掰开，挑出变色、软瘪和过小的瓣，剥掉蒜皮和干茎盘，按大小瓣分级。

（二）浸种

用清水浸种 24 小时。

（三）拌种

用"迦姆丰收"牌植物增产调节剂 10 毫升，兑水 5 千克，拌蒜种 200 千克。

五、播种

（一）前茬

前茬为非葱蒜类蔬菜。

（二）整地施肥

在中等肥力条件下，结合整地每亩施优质有机肥（以优质腐熟猪厩肥为例）5 000千克、氮肥（N）3 千克（折合尿素6.5 千克）、磷肥（P_2O_5）5 千克（折合过磷酸钙42 千克）施肥时宜选用含硫肥料。

（三）作畦

按宽 140~160 厘米、长 1 000~1 500厘米作南北向畦，将泥土块打碎，畦面搂平。春播的应在年前地上冻前施足肥、整好地、作好畦、浇足冻水，以便翌春顶凌播种。

（四）播种

在畦内按行距 20 厘米，开 3~4 厘米深沟（秋播深些，春播浅些），在沟内按株距 8 厘米，蒜背顺行间播种，然后覆土搂平，顺畦浇水。

水渗后在畦面用 33% 二甲戊灵乳油 150 毫升/亩，兑水 50 千克，喷洒地表。

地膜覆盖的畦上覆膜。每亩播蒜种 200 千克，密度为每亩40 000株左右。

六、田间管理

（一）苗期管理

当苗长 1 片真叶时，应中锄划两次，提高地温，秋播蒜适当蹲苗，以防徒长越冬，地上冻前浇一次水。返青后，当种瓣腐烂"退母"之时，结合浇水每亩追施氮肥（N）3 千克（折合尿素 6.5 千克或硫酸铵 12 千克）、钾肥（K_2O）2 千克（折合硫酸钾 4 千克）。

对于地膜覆盖蒜，可用扫帚在膜上轻扫助蒜破膜出苗，未破膜的可用筷子或铁丝钩在苗顶破口让苗伸出。秋播的越冬前株高 20 厘米左右，茎粗约 0.8 厘米，有叶 5 片以上，地上冻前浇 1 次冻水。

（二）鳞芽（蒜瓣），花芽分化和蒜薹伸长期管理

"退母"后鳞芽（蒜瓣）和花芽（蒜薹）开始分化，需水肥最多，应每隔 5~7 天浇 1 次水，在蒜薹未伸出叶鞘之前，结合浇水，每亩追施氮肥（N）4 千克（折合尿素 8.7 千克或硫酸铵 16 千克）、钾肥（K$_2$O）2 千克（折合硫酸钾 4 千克）。蒜薹伸出后连浇两水，抽薹前 5~7 天停止浇水。

蒜薹伸出叶鞘 7~15 厘米，蒜薹尖端自行打弯呈"秤钩"形，总苞变白，于晴天下午假茎叶片萎蔫时抽薹。

（三）鳞茎（蒜头）膨大期管理

抽薹后，应每隔 3~5 天浇 1 小水，降低田间温度，叶面喷施 1% 磷酸二氢钾 1 次。收获前 5~7 天停止浇水。

七、收获鳞茎（蒜头）

收鲜蒜头作腌渍用，可在抽薹后 10~12 天收获；收干蒜应在叶片枯黄，假茎松软植株回秧时收获，过早减产不耐储藏，过晚蒜头易松散脱落。

八、储藏

蒜收后，立即在地里用叶盖蒜头，晾晒 3~4 天，严防雨淋，当假茎和叶干枯时，可编辫挂在通风处储藏，也可将蒜头留梗约 2 厘米剪下，去掉须根，按级装箱，经预冷后入冷库，在 −2~0℃、相对湿度 60% 条件下储藏。

九、病虫害防治

各种农药要严格遵守安全间隔期。

（一）物理防治

用糖、醋、酒、水、10% 氯氰菊酯乳油按 3：3：1：10：0.5

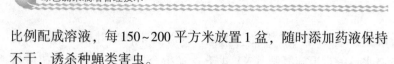

比例配成溶液，每150~200平方米放置1盆，随时添加药液保持不干，诱杀种蝇类害虫。

（二）根蛆防治

1. 喷洒

成虫盛发期或蛹羽化盛期，9:00—11:00在田间喷洒5%高效氯氰菊酯乳油1 000~1 500倍液，或2.5%溴氰菊酯乳油2 000倍液。

2. 灌根

在大蒜"退母"期和蒜头膨大期分别进行药剂灌根防治，选用20%噻虫嗪悬浮剂1 000倍液，去掉喷雾器喷头，对准大蒜根部灌药，然后浇水。若随浇水滴药灌溉，用量加倍。

（三）防治病害

1. 叶枯病

大蒜返青后用5%咪鲜胺可湿性粉剂1 500~2 500倍液喷雾。

2. 紫斑病

发病初期，用75%百菌清可湿性粉剂500~600倍液，或64%噁霜灵可湿性粉剂500倍液，或58%甲霜·锰锌可湿性粉剂500倍液喷雾，7~10天1次，连喷2~3次。

3. 锈病

发病初期，用20%三唑酮乳油2 000倍液，或25%丙环唑乳油3 000倍液，或70%代森锰锌可湿性粉剂1 000倍液加15%三唑酮可湿性粉剂2 000倍液喷雾，10~15天喷1次，连喷1~2次。

4. 霉斑病

用80%代森锰锌可湿性粉剂400~600倍液于发病初期喷雾，7~10天1次，连喷2~3次。

5. 病毒病

发病初期，用5%辛菌胺乙酸盐水剂400倍液，或8%宁南霉素水剂 1 000 倍液，或 0.5% 香菇多糖水剂 300~500 倍液喷雾，10天喷 1 次，连喷 2~3 次。

第四节　韭菜绿色生产技术

一、播种时间

从土壤解冻到秋分可随时播种，但夏至到立秋之间，天气炎热、雨水多，对幼苗生长不利，故播种可分为春播、夏播和秋播。春播在清明前，夏播在立夏前，秋播在立秋后。

二、品种选择

选用抗病虫、抗寒，耐热、分株力强、外观和内在品质好的品种，日光温室秋冬连续生产应选用休眠期短的品种。如平韭 4号、平韭 6 号、汉中冬韭和雪韭四号等。

三、用种量

直播栽培每亩用种量 2 千克左右，育苗移栽的 4 千克左右。

四、种子处理

可用干籽直播（春播为主），也可用 40℃ 温水浸种 12 小时，除去秕籽和杂质，将种子上的黏液洗干净后催芽。

将浸好的种子用湿布包好放在 16~20℃ 的条件下催芽，每天用清水冲洗 1~2 次，60% 种子露白尖即可播种。

五、整地施肥

苗床应选择旱能浇，涝能排的高燥地块，宜选用砂质土壤，土壤 pH 值在 7.5 以下。耕地作畦后，浇水，待杂草出土之后，再翻耕，重复两次之后，基本上没有杂草。之后施肥，耕后细耙，整平作畦。

基肥以优质有机肥、常用化肥、复混肥等为主。在中等肥力条件下，结合整地每亩撒施优质有机肥（以优质腐熟猪厩肥为例）6 000 千克、氮肥（N）2 千克（折合尿素 6.6 千克）、磷肥（P_2O_5）6 千克（折合过磷酸钙 60 千克）、钾肥（K_2O）6 千克（折合硫酸钾 12 千克），或使用按此折算的复混肥料，深翻入土。

六、播种

将沟（畦）普踩一遍，顺沟（畦）浇水，水渗后，将催芽种子混 2~3 倍沙子（或过筛炉灰）撒在沟、畦内，亩播种子 2 千克左右，上覆过筛细土 1.6~2 厘米。播种后立即覆盖地膜或稻草，70%幼苗顶土时撤除床面覆盖物。

七、播后水肥管理

出苗前需 2~3 天浇 1 水，保持土表湿润。从齐苗到苗高 16 厘米，7 天左右浇 1 小水。高温雨季排水防涝。立秋后，结合浇水施肥 2 次，每次每亩追施氮肥（N）4 千克（折合尿素 8.7 千克）。定植前一般不收割，以促进壮苗养根。天气转凉，应停止浇水，封冻前浇 1 次冻水。

八、除草

实行整地除草的田块，在出齐苗后及时拔草 2~3 次。或采用精喹禾灵除草剂防除单子叶杂草，或在播种后出苗前每亩用33%二甲戊灵乳油 100~150 克，兑水 50 千克喷洒地表。

九、棚室生产阶段管理

北方地区栽培的韭菜，如以收获叶片为主，可在秋冬季扣膜，转入棚室生产；如果来年收获韭薹，则不应扣膜，因韭菜需经过低温阶段才能抽薹。

（一）扣膜

扣膜前，将枯叶搂净，顺垄耙一遍，把表土划松。休眠期长的品种，为了促进韭菜早完成休眠，保证新年上市，可以在温室南侧架起一道风障，造成温室地面寒冷的小气候，当地表封冻10 厘米时，撤掉风障扣上薄膜，加盖草苫。休眠期短的品种，适宜在霜前覆盖塑料薄膜，加盖草苫。

（二）温湿度管理

棚室密闭后，保持白天 20~24℃、夜间 12~14℃。株高 10厘米以上时，保持白天棚温 16~20℃，超过 24℃放风降温排湿；相对湿度 60%~70%；夜间棚温 8~12℃。

冬季中小拱棚栽培应加强保温，夜间棚温保持在 6℃以上，以缩短生长时间。

（三）水肥管理

土壤封冻前浇 1 次水，扣膜后不浇水，以免降低地温或湿度过大引起病害。当苗高 8~10 厘米时浇 1 次水，结合浇水每亩追施氮肥（N）4千克（折合尿素8.7千克）。

（四）棚室后期管理

三刀收后，当韭菜长到10厘米时，逐步加大放风量，撤掉棚膜。每亩施腐熟圈肥3 000~4 000千克、腐熟鸡粪500~1 000千克，并顺韭菜沟培土2~3厘米高。苗壮的可在露地时收1~2刀。苗弱的，为养根不再收割。

（五）收割

定植当年着重"养根壮秧"，不收割，如有韭菜花及时摘除。

收割季节主要在春秋两季，夏季一般不收割，因品质差。韭菜适于晴天清晨收割；收割时刀口距地面2~4厘米，以割口呈黄色为宜，割口应整齐一致。两次收割时间间隔应在30天左右。春播苗，可于扣膜后40~60天收割第一刀。夏播苗，可于翌年春天收割第一刀。在当地韭菜凋萎前50~60天停止收割。

（六）收割后的管理

每次收割后，把韭菜挠一遍，周边土锄松，待2~3天后韭菜伤口愈合、新叶快出时浇水、追肥，每亩施腐熟粪肥400千克，同时加施尿素10千克、复合肥10千克。从翌年开始，每年需进行一次培土，以解决韭菜跳根问题。

十、病害防治

（一）灰霉病

每亩用10%腐霉利烟剂260~300克，分散点燃，关闭棚室，熏蒸一夜。晴天用20%嘧霉胺悬浮剂1 200倍液，或65%乙霉威可湿性粉剂1 000倍液，7天1次，连喷2次。

（二）疫病

发病初期，用72%霜脲·锰锌可湿性粉剂800倍液，或60%烯酰吗啉可湿性粉剂2 000倍液，10天喷1次，可使用2次。

（三）锈病

发病初期，用16%三唑酮可湿性粉剂1 600倍液，10天喷1次，连喷2次。也可选用烯唑醇、三唑醇等。

十一、虫害防治

（一）韭蛆

采用黑色、黄色诱虫板诱杀成虫。成虫发生期，割后撒生草木灰，或不收割而采花后喷洒菊酯类杀虫剂。在非收割期不浇水，保持土壤干燥等措施也能防治成虫。利用成虫的趋光性、趋化性、趋湿性，减少成虫去韭菜田产卵。施用铵态氮肥，利用铵离子对地下害虫的杀死效果，以及幼虫耐低温不耐高温的特性控制为害。

成虫盛发期，在9:00—11:00喷洒氯氰菊酯、氰戊菊酯、氯氟氰菊酯等菊酯类农药。物理防治糖酒液诱杀：将糖、醋、酒、水、10%氯氰菊酯乳油按3:3:1:10:0.6比例配成溶液，放1~3盆，随时添加，保持不干，诱杀种蝇类害虫成虫。

（二）潜叶蝇

在产卵盛期至幼虫孵化初期，喷75%灭蝇胺可湿性粉剂5 000~7 000倍液，或溴氰菊酯、氰戊菊酯等其他菊酯类农药。

（三）蓟马

在幼虫发生盛期，喷10%吡虫啉可湿性粉剂4 000倍液，或3%啶虫脒乳油3 000倍液，或2.5%溴氰菊酯悬浮剂

1 500~2 000倍液。

第五节　黄韭绿色生产技术

黄韭又名韭黄，俗称黄连韭。黄韭色泽鲜嫩、口感丰富，纤维极少，味鲜质嫩，多在元旦及春节期间集中上市，其独特的味道深受大家的欢迎。

一、播种时间

播种时间一般在4月中下旬至5月上旬较为适宜，地温稳定在15℃以上为黄韭最适宜播种时间。选择晴天上午播种为好。

二、品种选择

应选用产量高、生产快、抗病害能力强、耐低温、耐弱光、分蘖能力强、叶片肥厚、株丛直立性好、能在完全黑暗无光条件下健壮生长、休眠期短、不易腐烂的品种，如河间大白根、大金沟、雪韭四号、平韭4号或世代自行留的健壮种根。

三、用种量

播种方式多采用开沟条播，以大金沟为例，播种量每亩1~1.5千克。切忌播种量过大，否则韭菜苗纤细，不利于形成壮苗，也不利于形成健壮发达的根系。

四、种子处理

播种前要清除秕籽和杂质，对种子进行浸种催芽，可用40~

45℃温水浸种 12 小时，并在 25～30℃条件下继续浸泡 24 小时，然后洗净种子上的黏液。用湿布将种子包裹好，置于 15～20℃的条件下催芽，催芽期间每天用清水冲洗种子 1～2 次，经 2～3 天后，当大部分（60%左右）种子露白尖时进行播种。

五、整地施肥

选择 2 年没有种植过黄韭、上茬没有种植过葱蒜、土层深厚疏松、有机质含量高、保水保肥能力强、土质肥沃、地势平坦、灌溉排水方便、通透性良好的偏酸性的砂质土壤地块（以土壤 pH 值低于 7.5 为宜）。

播种前要进行精细整地，要将土壤深翻，一般耕深要达到 25～30 厘米，以利于根系下扎，培育发达的根系，促进植株健壮生长。基肥可用腐熟的优质有机肥 3 000～4 000 千克/亩、复混肥 50～80 千克/亩、生物有机菌肥 40～50 千克/亩，将肥料撒施均匀，深翻入土。

六、播种

晴天上午播种，按 30 厘米宽开沟，沟深 3～4 厘米，沟底平整，可轻踩一遍。然后将催好芽的种子与 2～3 倍细沙或过筛炉灰混合后均匀播撒在沟内。播后平沟覆细土 1.5～2 厘米，直至不见种子外露，再轻踩一遍后浇水，水要浇透，保持土壤湿润。

七、播后水肥管理

出苗前需 2～3 天浇 1 次小水，以保持土表湿润。从出齐苗后到苗高 15 厘米，可 7 天左右浇 1 次小水，土壤应保持见干见湿的状态，以"手捏成团，指缝不出水，松手不散"为标准。高湿雨季若遇连阴雨则应该注意排水防涝，以防烂苗死苗。当苗高 16 厘米及以上时，每月根据天气状况浇 1~2 次水。注意：当最高气温降到 12℃ 以下时减少浇水量，保持表层土壤不干即可，防止浇水过多造成韭菜贪青。

韭菜在生长前期一般不追施肥料，以防止叶片过于繁茂，导致田间郁蔽造成烂秧，不利于形成壮根。待立秋后，可结合浇水进行第 1 次追肥，可追施有机肥 10~15 千克和生物有机菌肥 10 千克左右。在白露前后，可结合浇水施入腐熟粪肥或每亩追施有机肥 15~20 千克和生物有机菌肥 20 千克左右。

八、除草

在韭菜露地生长期间，要注意除草，以免影响韭菜生长，前期可进行药剂防除，在播种后出苗前，可用 20% 的二甲戊灵悬浮液每亩 200 毫升兑水 30 千克喷雾。出苗后 6 月上旬可用 15.8% 的精喹禾灵乳油每亩 25 毫升兑水 30 千克喷雾。后期结合中耕培土进行人工拔草 2~3 次。

九、收割韭薹

因生产黄韭地块周年不收割青韭，故在 9 月青韭会长出韭薹，当韭薹抽出的韭心长 20 厘米左右时，要及时采收或粉碎韭心，否则花蕾开放会消耗韭薹的养分，造成韭薹减产。

十、黄韭的定植与生产

(一) 挖壕建棚

黄韭是在黑暗无光的条件下生长出来的，定植前要进行挖壕建棚。一般土壕为东西向，长12米，宽3米，南边深1米，北边高1.7米，在北半面搭棚，南高北低搭塑料棚盖草苫，注意盖黄韭的草棚不能漏光、漏雨。

（二）韭菜根的收获与整理

为了获得优质发达的韭菜根，从播种到立冬，在韭菜整个露地生育期内均不要割韭菜，目的是培养健壮的韭根，积累充足的营养，为黄韭入壕定植以后的生长打下牢固的基础。在立冬后小雪前待地上部分韭菜叶片干枯后，用锄先将地上部分的枯叶清除干净，再用机械将韭根挖出，挖苗时要注意少伤根，挖苗后及时对韭根进行清理，剔除病根、虫根、弱根及杂草杂土，筛选出壮根健根作为黄韭的生产原料。

（三）韭根入壕

一般在小雪后进行捋秧入壕。韭根入壕前，选取肥壮的韭根将茎盘处整齐扎好，一般扎成40~50厘米的方形捆，在土壕底部排紧，如果捆与捆之间的角上留有空隙，要用玉米秸秆填实挤严。每1.5米左右竖一横坯，每两道隔坯为一小畦，坯两侧用泥抹好，不能有缝隙，防止水互相流通。为了方便壕内灌水，在壕南边捅1个水眼，插入塑料管通入壕内，方便灌水时不用揭开草苫。

（四）壕内水肥管理

韭根入壕后要先浇1次小水，灌水量以水深达到韭根的1/3处为宜，待水渗完以后，要将界坯踩实，再灌1次大水，灌水量以灌至平茬为宜，待水再次渗完以后，盖上麦糠、谷糠或干枯韭叶，厚度一般为30厘米，注意要中间薄四边厚，以便能均匀发热，出苗整齐一致。然后用草苫盖严壕口，严密遮光，以防透风漏气。

韭根入壕后起麦糠前，一般不用再浇水，只需要在白天揭开草苫进行晾晒增温，夜间盖好草苫以防降温即可。

麦糠全部清理完后灌 1 次小水，灌水量以控制在韭根的 1/3 处为宜。之后每隔 5~6 天灌水 1 次，灌水量根据先小后大的原则，前期灌水量要小，后期可适当加大，以促进黄韭快速生长，防治腐烂。

（五）壕内湿度、温度、光照管理

壕内湿度一般控制在 50% 左右。入壕 4~5 天后要注意检查壕内温度，温度应控制在 35~40℃。在 7~8 天后可将中间的麦糠向外扒开，以保证整壕韭芽生长一致，待新芽长到 5~7 厘米时，温度不能超过 48℃，即可用铁耙小心将麦糠全部清理出来。麦糠清理后的前 3 天要整日盖苫，以后可根据先短后长由每天 2~3 小时逐渐到每天的 6~7 小时进行起苫晾晒，但有风及阴雨天气要少晾或不晾。

（六）收割及收割后的管理

在韭根入壕后需 20~30 天即可割收第一茬黄韭。收割应选择晴天上午气温高时进行，使用小镰刀从鳞茎以上 1~2 厘米处将黄韭割断，边收割边整理，轻轻抖落黄韭根茎部的杂物，然后用塑料绳或者草绳将黄韭扎成 0.5 千克左右的把，收割下的黄韭可放置在 7℃ 左右的环境中短期贮存加工，应避免黄韭受冻，千万注意不要将黄韭放置在温度较高的有暖气的屋内。

收割后可根据黄韭的品质质量和整齐度分为一、二、三 3 个等级，分级进行整理、分装和售卖，但因为黄韭不耐贮存，所以收割后要及时处理、销售。现在市场上普遍采用长方体纸箱包装，一箱装 1.5~2.5 千克。

收割第一茬后，可将草苫日晒夜盖 2~3 天，然后昼夜覆盖 3~5 天，收割后 2 天再浇水。黄韭收割以后在割茬处撒一层草木灰，既可防止黄韭发生病害，又可补充植株养分，其后管理与第一茬相同。棚室黄韭一般每 20 天左右可收割 1 次，一般可以连续收割 4 茬。尚有营养的韭菜根，可以栽种在露地培育翌年的菜根。营养消耗殆尽的韭菜根经高温发酵杀菌后可用以制作有机肥。

十一、病虫害防治

大田养根阶段主要病虫害为灰霉病、疫病、韭蛆、蓟马、潜叶蝇等。

（一）物理防治

1. 糖醋液诱杀韭蛆成虫、种蝇类害虫

将糖、醋、酒、水、10%氯氰菊酯乳油按照 3：3：1：10：0.6 的比例配成溶液，将配制好的混合溶液倒入盆中，每亩放置 3~4 盆诱杀韭蛆成虫、种蝇类害虫等，使用时要注意保持盆中的溶液量。

2. 粘虫板诱杀韭蛆成虫

在大田和黄韭棚室内均可使用，每 20 平方米悬挂 1 块长宽为 20 厘米×30 厘米的黄色粘虫板诱杀韭蛆成虫。

3. 设置防虫网

大田青韭和棚室内栽培黄韭时均可使用 40 目的防虫网进行覆盖，防止韭蛆成虫、斑潜蝇为害植株。

4. 韭菜根部撒施草木灰

每亩用量 60 千克，对预防韭蛆有一定效果。

(二) 化学防治

不使用剧毒、高毒、高残留农药，必须使用农药以及多种药剂交替使用时，应严格按照农药安全使用间隔期用药。

灰霉病：每亩可选用生物农药枯草芽孢杆菌菌剂 200 克喷粉预防灰霉病。灰霉病发生后，可使用 20%嘧霉胺悬浮剂 1 500 倍液，或 50%啶酰菌胺水剂 2 000 倍液喷雾防治，每隔 7 天喷施 1 次，连喷 2 次，以上药剂交替使用。

疫病：可用 72%霜霉威水剂 800 倍液，或 72%霜脲·锰锌可湿性粉剂 600 倍液防治，使用时对青韭灌根或叶面喷雾，每隔 10 天喷 (灌) 1 次，以上农药交替使用 2~3 次。

蓟马：可用 10%吡虫啉悬浮剂 4 000 倍液，或 3%啶虫脒乳油 3 000 倍液，或 4.5%氯氰菊酯乳油 1 000 倍液喷雾防治，每隔 7~10 天喷 1 次，连续喷施 2~3 次。

韭蛆：若韭蛆为幼虫形态，结合浇水，可用碳酸氢铵 10~15 千克，也可用 30%噻虫胺悬浮剂 400 倍液灌根 1~2 次。若韭蛆为成虫形态时，每年的 7 月上旬至 9 月下旬，可于晴天 9:00—11:00 用 30%灭蝇胺悬浮剂 800~1 000 倍液，也可使用 10%高效氯氰菊酯乳油 2 000 倍液，对植株的茎叶喷雾，每月防治 1~2 次。

潜叶蝇：在产卵盛期至幼虫孵化初期，可用 30%灭蝇胺悬浮剂 800~1 000 倍液，也可用 10%高效氯氰菊酯乳油 1 500~2 000 倍液喷雾防治，一般用药时间为麦收前后，连续喷施 2~3 次，每次间隔 7 天。

注意：种植前，棚室内可用硫磺熏蒸消毒。每立方米空间用硫磺 4 克、锯末 8 克，每隔 2 米堆放锯末，摊平锯末后撒 1 层硫磺粉，倒入少量酒精，逐个点燃，人员迅速撤离，封闭棚室各个通风口，24 小时后再放风排烟。

第六节　蒜苗蒜黄绿色生产技术

在北方寒冷地区，除露地生产蒜苗外，还可利用保护地生产蒜苗和蒜黄，以满足冬春季的供应。栽培蒜苗和蒜黄是以整个蒜头或蒜瓣密植于温室、阳畦、窑洞和拱棚内，借蒜瓣内贮藏的营养，不经施肥或少施肥，给予适温、适湿和有光的环境下生产蒜苗；或在无光环境下生产蒜黄。

一、温室蒜苗栽培技术

(一) 选种

进行蒜苗生产，一定要选择个头大、蒜瓣饱满、蒜皮色泽鲜亮的大蒜。

(二) 栽前准备

栽前要将蒜头用水浸泡一昼夜，然后除去茎踵及蒜种中间残留的蒜薹。剥去外面的蒜皮，但应保持整个蒜头不散，这样发芽扎根快。蒜苗喜欢疏松的土壤，因此，栽前要深翻 18~20 厘米。翻耕前每 140 平方米撒施腐熟有机肥 40~50 千克，然后搂平作成 1.5~2.5 米的平畦。

(三) 栽种

栽蒜距离稀栽为 5 厘米×6 厘米，条播行距 13~16 厘米，瓣距 3~4 厘米，密栽时要把蒜头靠紧，不留空隙。一般情况 14~15 千克大蒜可以栽 1 平方米的地方。

（四）栽后管理

蒜头的新根一般在栽后 3~5 天时长出，这时候应浇 1 次透水。待苗床略微出现干燥后，用木板依次将苗子加以压紧压实，减少新根与土壤之间空隙并顺利伸长。在苗刚出土时，再撒上 1 厘米左右厚的细沙或细土。在全部生长期间一定要留意适当浇水。通常第 1 刀蒜苗共浇水 3~4 次，第 2~3 刀只在苗高 5 厘米左右浇一次水。浇水过量易造成根系烂根。蒜苗生长适温以白天 20~27℃、夜间 18~21℃为宜，在整个生长期，室温应随蒜苗的生长而略行降低，但最低不可低于 15℃，以使其生长充实。

（五）收获

温室蒜苗在适温下，栽后 20~25 天、苗高 25~35 厘米时即可收割头茬，余后苗高 30~40 厘米时，可连根收割第 2 茬，再另栽新蒜。1 千克蒜头可收割 2~3 千克蒜苗。

二、蒜黄栽培技术

蒜黄是大蒜经过软化的产品，一年四季都可培育，栽培蒜黄须具备的条件是：黑暗的空间，较高的温度，适度的水分，肥大的蒜瓣。

保护地生产蒜黄，多采用半地下式温室、窑洞和井窖等。通常用半个或整个蒜头行密集栽植，方法同温室蒜苗。蒜头栽好后撒一层 1 厘米厚细土或细沙，然后浇一次透水。管理过程中最重要的是温度，使窖内温度在 15~25℃，如窖内温度太高、湿度过大就会造成蒜苗腐烂。

栽植后约经 1 个月就可进行第 1 次收割。收获后浇水一般间隔 3~4 天，以利于伤口愈合再经 15~20 天可收割第 2 茬。一般 1 千克蒜头能生产蒜黄 2 千克左右。

第四章 叶菜类蔬菜绿色生产技术

第一节 大白菜绿色生产技术

一、品种选择

选用抗病、优质丰产、抗逆性强、适应性广、商品性好的品种，如绿宝、北京新 3 号、丰抗 78、晋菜三号等。

二、整地

采用高畦栽培、地膜覆盖，便于排灌，减少病虫害。

三、播种

根据气象条件和品种特性选择适宜的播期，秋白菜一般在夏末初秋播种。华南地区一般秋季播种，叶球成熟后随时采收。可采用穴播或条播，播后盖细土 0.5~1 厘米，搂平压实。

四、田间管理

（一）间苗定苗

出苗后及时间苗，7~8 叶时定苗。如缺苗应及时补栽。

（二）中耕除草

间苗后及时中耕除草，封垄前进行最后一次中耕。中耕时前浅后深，避免伤根。

（三）合理浇水

播种后及时浇水，保证齐苗壮苗；定苗、定植或补栽后浇水，促进返苗；莲座初期浇水促进发棵；包心初中期结合追肥浇水，后期适当控水促进包心。

五、施肥

（一）基肥

每亩优质有机肥施用量不低于3 000千克。有机肥料应充分腐熟。氮肥总用量的30%～50%、大部分磷肥、钾肥料可基施，结合耕翻整地与耕层充分混匀。宜合理种植绿肥、秸秆还田、氮肥深施和磷肥分层施用。适当补充钙、铁等中微量元素。

（二）追肥

追肥以速效氮肥为主，应根据土壤肥力和生长状况在幼苗期、莲座期、结球初期和结球中期分期使用。为保证大白菜优质，在结球初期重点追施氮肥，并注意追施速效磷钾肥。收获前20天内不能使用速效氮肥。合理采用根外施肥技术，通过叶面喷施快速补充营养。

不能使用工业废弃物、城市垃圾和污泥。不能使用未经发酵腐熟、未达到无害化指标的人畜粪尿等有机肥料。

六、病虫害防治

以防为主、综合防治，优先采用农业防治、物理防治、生物防治，配合科学合理地使用化学防治。为达到生产安全、优质的绿色大白菜的目的，要杜绝使用国家明令禁止的高毒、高残留、高生物富集性、高三致（致畸、致癌、致突变）农药及其混配农药。

（一）农业防治

因地制宜选用抗（耐）病优良品种。合理布局，实行轮作倒茬，加强中耕除草，清洁田园，降低病虫源数量。培育无病虫害壮苗。

（二）物理防治

可采用银灰膜避蚜或黄板诱虫板诱杀蚜虫。

（三）生物防治

保护天敌，创造有利于天敌生存的环境条件，选择对天敌杀伤力低的农药；释放天敌，如捕食螨、寄生蜂等。

（四）药剂防治

（1）对菜粉蝶、小菜蛾、甜菜夜蛾等采用草原毛虫核多角体病毒及球孢白僵菌、苏云金芽孢杆菌制剂等进行生物防治；或5%啶虫脒乳油2 500倍液喷雾，或5%甲氨基阿维菌素苯甲酸盐乳油1 500倍液，或苦参碱、印楝素、鱼藤酮、高效氯氰菊酯、联苯菊酯等药剂喷雾进行防治，根据使用说明正确使用剂量。

（2）对软腐病用中生菌素喷雾进行防治。

（3）防治霜霉病可选用72%霜脲·锰锌可湿性粉剂800倍液，或69%烯酰·锰锌可湿性粉剂500~600倍液等喷雾。交替、轮换使用，7~10天1次，连续防治2~3次。

（4）防治炭疽病、黑斑病可选用69%烯酰·锰锌可湿性粉剂500~600倍液，或80%福·福锌可湿性粉剂800倍液等喷雾。

（5）防治病毒病，可在定植前后，用5%辛菌胺乙酸盐水剂400倍液，或8%宁南霉素水剂1 000倍液，或0.5%香菇多糖水剂300~500倍液喷雾。

（6）防治菜蚜，可用10%吡虫啉可湿性粉剂1 500倍液，或3%啶虫脒乳油3 000倍液，或5%高效氯氰菊酯乳油3 000倍液，或50%抗蚜威可湿性粉剂2 000~3 000倍液喷雾。

（7）防治甜菜夜蛾可用5%高效氯氰菊酯乳油1 500倍，或20%虫酰肼悬浮剂2 000喷雾，晴天傍晚用药。阴天可全天用药。

第二节　甘蓝绿色生产技术

一、品种的选择

春甘蓝选用抗逆性强、耐抽薹、商品性好的早熟品种；夏甘蓝选用抗病性强、耐热的品种；秋甘蓝选用优质、高产、耐储藏的中晚熟品种。

二、催芽

将浸好的种子捞出洗净后，稍加晾干后用湿布包好，放在20~25℃处催芽，每天用清水冲洗1次，当20%种子萌芽时，即可播种。

三、育苗床准备

（一）床土配制

选用近3年来未种过十字花科蔬菜的肥沃园土2份与充分腐

熟的过筛圈肥1份配合，并按每立方米加三元复合肥1千克或相应养分的单质肥料混合均匀待用。将床土铺入苗床，厚度约10厘米。

（二）床土消毒

用枯草芽孢杆菌（200亿CFU/克）200克，均匀撒在土壤表面，翻耕。或25%甲霜灵可湿性粉剂与70%代森锰锌可湿性粉剂按9:1比例混合，按每平方米用药8~10克与4~5千克过筛细土混合，播种时2/3铺于床面，1/3覆盖在种子上。

四、播种

（一）播种期

根据当地气象条件和品种特性，选择适宜的播期。最好选用温室育苗，推迟播种期，缩短育苗期，减少低温影响，防止未熟抽薹。

（二）播种方法

浇足底水，水下渗后覆一层细土（或药土），将种子均匀撒播于床面，覆土0.6~0.8厘米。露地夏秋育苗，使用小拱棚或平棚育苗，覆盖遮阳网或旧薄膜，遮阳防雨。

（三）分苗

当幼苗1~2片真叶时，分苗在营养钵内，摆入苗床。

（四）分苗后管理

缓苗后划锄2~3次，床土不旱不浇水，浇水宜浇小水或喷水，定植前7天浇透水，1~2天后起苗囤苗，并进行低温炼苗。露地夏秋育苗，分苗后要用遮阳网防暴雨，有条件的还要扣22目防虫网防虫。同时既要防止床土过干，也要在雨后及时排出苗床积水。

（五）壮苗标准

植株健壮，6~8 片叶，叶片肥厚蜡粉多，根系发达，无病虫害。

五、定植前准备

（一）前茬

前茬为非十字花科蔬菜。

（二）整地

北方露地栽培采用平畦，塑料拱棚亦可采用半高畦。南方作深沟高畦。

（三）基肥

有机肥与无机肥相结合。在中等肥力条件下，结合整地每亩施优质有机肥（以优质腐热猪厩肥为例）3 000~4 000 千克，配合施用氮、磷、钾肥。有机肥料需达到规定的卫生标准。

（四）设防虫网阻虫

温室大棚通风口用防虫网密封阻止蚜虫进入。夏季高温季节，在害虫发生之前，用防虫网覆盖大棚和温室，阻止小菜蛾、菜粉蝶、夜蛾科害虫等迁入。

（五）银灰膜驱蚜虫

铺银灰色地膜，或将银灰膜剪成 10~15 厘米宽的膜条，膜条间距 10 厘米，纵横拉成网眼状。

（六）棚室消毒

45%百菌清烟剂，每亩用 180g，密闭烟熏消毒。

六、定植

（一）定植期

春甘蓝一般在春季土壤化冻、重霜过后定植。

（二）定植方法

采用大小行定植，覆盖地膜。

（三）定植密度

根据品种特性、气候条件和土壤肥力，北方每亩定植早熟种4 000~6 000株、中熟种2 200~3 000株、晚熟1 800~2 200株。南方每亩定植早熟品种3 500~4 500株、中熟品种3 000~3 500株、晚熟品种1 600~2 000株。

七、定植后水肥管理

（一）缓苗期

定植后4~5天浇缓苗水，随后结合耕培土1~2次。北方棚室要增温保温，适宜的温度白天20~22℃、夜间10~12℃，通过加盖草苫，内设小拱棚等措施保温。南方秋、冬甘蓝生长前期天气炎热干旱，应适当多浇水，以保持土壤湿润。

（二）莲座期

通过控制浇水而蹲苗，早熟种6~8天，中晚熟种10~15天，结束蹲苗后要结合浇水每亩追施氮肥（N）3~5千克，同时用0.2%的硼砂溶液叶面喷施1~2次。棚室温度控制在白天15~20℃、夜间8~10℃。

（三）结球期

要保持土壤湿润。结合浇水追施氮肥（N）2~4千克、钾肥

（K₂O）1~3千克。同时用0.2%的磷酸二氢钾溶液叶面喷施1~2次。结球后期控制浇水次数和水量。北方棚室栽培浇水后要放风排湿，室温不宜超过25℃，当外界气温稳定在15℃时可撤膜。南方梅雨、暴雨季节，应注意及时排水。收获前20天内不得追施无机氮肥。

八、病虫害防治

（一）物理防治

设置黄板诱杀蚜虫。用10厘米×20厘米的黄板，按照每亩30~40块的密度，挂在行间或株间，高出植株顶部，诱杀蚜虫，一般7~10天重涂1次机油。

利用黑光灯诱杀害虫。

（二）病害防治

1. 霜霉病

（1）每亩用45%百菌清烟剂110~180克，傍晚密闭烟熏。7天熏1次，连熏3~4次。

（2）用80%代森锰锌可湿性粉剂600倍液喷雾防病害发生。

（3）发现中心病株后，用72.2%霜霉威水剂600~800倍液，或72%霜脲·锰锌可湿性粉剂600~800倍液，或69%烯酰·锰锌可湿性粉剂500~600倍液喷雾，交替、轮换使用7~10天1次，连续防治2~3次。

2. 黑斑病

发病初期，用75%百菌清可湿性粉剂500~600倍液，或50%异菌脲可湿性粉剂1500倍液，7~10天1次，连续防治2~3次。

3. 黑腐病

发病初期，用77%氢氧化铜可湿性粉剂500倍液，7~10天1次，连喷2~3次。

4. 菌核病

用40%菌核净可湿性粉剂1 500~2 000倍液，或50%腐霉剂可湿性粉剂1 000~1 200倍液，在病发生初期开始用药，间隔7~10天连续防治2~3次。

5. 软腐病

用77%氢氧化铜可湿性粉剂400~600倍液在病发生初期开始用药，间隔7~10天连续防治2~3次。

(三) 虫害防治

1. 菜粉蝶

（1）卵孵化盛期选用5%啶虫脒乳油1 500~2 500倍液喷雾。

（2）在低龄幼虫发生高峰期，选用2.5%高效氯氟氰菊酯乳油2 500~5 000倍液，或10%联苯菊酯乳油1 000倍液喷雾。

2. 小菜蛾

于2龄幼虫盛期用5%啶虫脒乳油1 500~2 000倍液，或1.8%阿维菌素乳油3 000倍液喷雾。以上药剂要轮换、交替使用。

3. 蚜虫

用50%抗蚜威可湿性粉剂2 000~3 000倍液，或10%吡虫啉可湿性粉剂1 500倍液，或3%啶虫脒乳油3 000倍液，6~7天喷1次，连喷2~3次。用药时可加入适量展着剂。

4. 夜蛾科害虫

在幼虫3龄前用5%啶虫脒乳油1 500~2 500倍液，或20%

虫酰肼悬浮剂 1 000 倍液喷雾，晴天傍晚用药，阴天可全天用药。

九、适时采收

根据甘蓝的生长的情况和市场的需求，陆续采收上市。在叶球大小定型，紧实度达到八成时即可采收，上市前可喷洒 500 倍液的高脂膜，防止叶片失水萎蔫，影响经济价值。同时，应去掉黄叶或有病虫斑的叶片，然后按照球的大小进行分级包装。

第三节　油菜绿色生产技术

一、品种选择

选用优质高产、抗病、抗逆性强、适应性广、商品性好的油菜品种。

二、种子处理

（一）霜霉病

用 25% 甲霜灵可湿性粉剂拌种（用量按种子重量的 0.3%）。

（二）黑斑病、炭疽病

用 50℃ 温水浸种 25 分钟，冷却晾干后拌种，或 50% 福美双可湿性粉剂拌种（用量按种子重量的 0.4%）。

（三）软腐病

用中生菌素拌种。

三、培育无病虫壮苗

（1）育苗土配制，选择 3 年内未种过十字花科作物的园土与腐熟有机肥混合，优质有机肥量占 30%以上，掺匀过筛。

（2）育苗土消毒，用 50%多菌灵可湿性粉剂与 50%福美双可湿性粉剂 1：1 混合进行消毒，每平方米用药 10 克，拌匀。采用营养钵纸袋护根育苗。

四、定植

（1）整地施肥，每亩施用有机肥 5 000 千克，深翻 20 厘米，耕平。

（2）定植，按行株距 15～20 厘米栽至第 1 真叶柄茎部，随栽随浇，浇后封沟为高垄。

（3）纱网阻虫，在棚室通风处用龙纱网密封，阻止害虫迁入。

（4）棚室消毒，棚室栽培每亩用 45%百菌清烟剂 250 克密闭烟熏消毒。

（5）黄板诱杀，棚室风用废旧纤维板或纸板剪成 20 厘米×20 厘米长条，涂上黄色油漆后涂上机油，在行间或株间高出植株顶部，每亩 30～40 块，7～10 天涂机油 1 次。

（6）银灰膜避蚜，铺设银灰膜或将其剪成 10～15 厘米的膜条间距 10 厘米，纵横拉成网状。

五、定植后管理

（一）栽培管理措施

缓苗后适当通风，保持昼温 20℃，在晴暖天中耕 1～2 次，植株开始长新叶时，每亩要施 5~10 千克尿素或饼肥 50 千克。

（二）病虫害防治

保护地优先采用粉尘法、烟熏法，在晴朗天气也可以喷施防治。注意交替用药，合理混用。

1. 霜霉病

用 45% 百菌清烟剂 200~250 克/亩，傍晚密闭烟熏，7 天 1 次，连熏 3~4 次。或傍晚每亩用 5% 百菌清粉剂 1 千克，喷粉防治，每 9~11 天 1 次，连喷 2~3 次。或发现中心病源后，开始喷洒 72% 霜脲·锰锌可湿粉剂 600~800 倍液，或 58% 甲霜·锰锌可湿性粉剂 500 倍液，或 72.2% 霜霉威水剂 600~800 倍液，7~10 天 1 次，连续防治 2~3 次。

2. 黑斑病

发病初期，喷洒 75% 百菌清可湿性粉剂 500~800 倍液，或用 64% 噁霜灵可湿性粉剂 500 倍液，7~10 天 1 次，连喷 2~3 次。

3. 白斑病

发病初期，喷洒 75% 百菌清可湿性粉剂 500~600 倍液，或 50% 甲基硫菌灵可湿性粉剂 500 倍液，15 天左右喷 1 次，连喷 2~3 次。

4. 黑腐病

发病初期，喷洒 77% 氢氧化铜可湿性粉剂 500 倍液，7~10 天 1 次，连喷 2~3 次。

5. 病毒病

（1）防治蚜虫，用 10% 吡虫啉可湿性粉剂 1 500 倍液，或 50% 抗蚜威可湿性粉剂 2 000 倍液喷雾防治。

（2）发病初期，用 5% 辛菌胺乙酸盐水剂 400 倍液，或 8% 宁南霉素水剂 1 000 倍液，或 0.5% 香菇多糖水剂 300~500 倍液喷雾，10天1次，连续防治2~3次。

6. 菜粉蝶

于2龄幼虫盛期用5%甲氨基阿维菌素苯甲酸盐乳油2 500倍液喷雾防治。

7. 甜菜夜蛾

在幼虫3龄前用5%甲氨基阿维菌素苯甲酸盐乳油2 500倍液喷雾防治。

8. 小菜蛾

于2龄盛期用5%甲氨基阿维菌素苯甲酸盐乳油2 500倍液，或5%啶虫脒乳油2 000倍液喷雾防治。

第四节　茴香绿色生产技术

一、品种选择

选用优质、高产、适应性广、抗病虫性强、抗逆性强、商品性好的茴香品种。

二、种子处理

将种子水浸24小时，冲洗至水清为止，捞出稍晾，于20~22℃处催芽。

三、培育无病虫壮苗

（一）育苗场地

除球茎茴香需育苗外，其他品种可直播。育苗场地应与生产田隔离，实行集中育苗或专业育苗。

（二）育苗土配制

选用3年内未种球茎茴香的园土与优质腐熟有机肥混合，有机肥用量不低于30%。

（三）育苗土消毒

每平方米苗床用50%多菌灵可湿性粉剂或70%甲基硫菌灵可湿性粉剂5~10克，与床土拌匀。

（四）护根育苗

球茎茴香直接播于营养钵内，覆土0.5~1厘米，播后浇小水，保持湿润。

（五）苗期管理

苗用茴香按苗距3~4厘米，球茎茴香14~15厘米，结合拔草间苗。发现病虫苗及时拔除处理，适时通风炼苗，控制温湿度防徒长。

四、定植

每亩用优质腐熟有机肥4 000千克撒匀，深耕20厘米整平做垄。苗用茴香直播。球茎茴香5~6片时，按40厘米×40厘米定植。棚室栽培定植前宜用45%百菌清烟剂熏蒸，棚室通风口宜用纱网密封。

五、定植后管理

（一）水肥管理

苗用茴香株高7~10厘米，球茎茴香株高20~25厘米时，结合浇水，每亩追腐熟饼肥50千克。球茎茴香叶鞘肥大期要中耕培土，小水勤浇，提倡膜下沟灌和滴灌，禁止大水漫灌。棚室忌阴天傍晚浇水。

（二）病虫害防治

1. 猝倒病

发病初期，用64%噁霜灵可湿性粉剂500倍液喷雾，7天喷1次，连喷2～3次。

2. 立枯病

发病初期，喷36%甲基硫菌灵悬浮剂500倍液，7天喷1次，连喷2～3次。

3. 细菌疫病

发病初期，用77%氢氧化铜可湿性微粒剂500倍喷雾，7天喷1次，连喷2次停止用药。

4. 球茎茴香软腐病

发病初期，用77%氢氧化铜可湿性粉剂500倍液喷雾，7天喷1次。

5. 白粉病

发病初期，用15%三唑酮可湿性粉剂1 500倍液喷雾，10天喷1次，视病情喷1～2次。

6. 菌核病

发病初期，用50%腐霉利可湿性粉剂或50%异菌脲可湿性粉剂1 000倍液喷雾，7天喷1次，连喷3～4次。

7. 病毒病

防治蚜虫，用10%吡虫啉可湿性粉剂1 500倍液喷雾防治；发病初期，用5%辛菌胺乙酸盐水剂400倍液，或8%宁南霉素水

剂 1 000 倍液，或 0.5% 香菇多糖水剂 300~500 倍液喷雾，7 天喷
1 次，连喷 3~4 次。

第五节　芫荽绿色生产技术

一、播种时间

可在春、夏、秋露地，或早春地膜覆盖，小、中、大棚或冬
季日光温室播种。春季露地不可播种过早，以防遇低温通过春化
经长日照后抽薹。

二、品种选择

夏季和保护地栽培宜选用矮株小叶品种，春、秋季宜选用高
株大叶品种。

三、种子处理

（一）搓籽

芫荽果实为双悬果，其中有两粒种子，播种前需将种子
搓开。

（二）浸种催芽

用 48℃ 温水浸种，并搅拌水温降至 25℃ 再浸种 12~15 小时，
将种子用湿布包好放在 20~25℃ 条件下催芽，每天用清水冲洗
1~2 次，5~7 天 80% 种子露白尖即可播种。

四、播种地准备

（一）前茬

前茬为非伞形科蔬菜。

（二）整地施肥

在中等肥力条件下，结合整地每亩施优质有机肥（以优质腐熟猪厩为例）3 000千克、磷肥（P_2O_5）4千克（折合过磷酸钙33千克）、钾肥（K_2O）3千克（折合硫酸钾6千克）。

（三）作畦

作成宽1~1.5米、长8~10米的畦，将土块打碎，畦面搂平、踩实。

（四）播种

顺畦浇水，水渗后，上撒过筛细土，厚1厘米。将催芽种子混2~3倍沙子（或过筛炉灰）均匀撒在畦上；秋季冬贮的为了长大棵，也可在畦内按行距5~8厘米条播，畦上覆过筛细土1.5~2厘米。早春覆盖地膜的可早播7~10天，有利提高地温、保墒、促苗、早出土、早上市。用种量：撒播的每亩3~4千克。

五、田间管理

（一）春播

对于早春覆盖地膜，小、中、大棚或冬季日光温室播种，播种后不浇水，出苗后不间苗，应及时拔草两次。当苗高2厘米左右时，结合浇水每亩追肥氮肥（N）3千克（折合尿素6.5千克）。棚室适宜温度为15~20℃，超过20℃时，要及时放风降温排湿。掌握1周左右浇1次小水，约50天苗高15厘米左右时即可陆续采收上市。

（二）夏播

正值高温多雨季节，播种后于畦上覆盖废旧薄膜（下面甩泥浆）防雨遮阴。连浇两水促出苗，出苗后撤掉覆盖，结合除草间掉过密苗，并结合浇水于苗高 5 厘米左右时，每亩追施氮肥（N）3 千克（折合尿素 6.5 千克）。约 45 天苗高 15 厘米左右即可陆续采收上市。

（三）秋播

播种后连浇 2~3 次小水，出苗后控制浇水蹲苗，结合除草把苗间开，条播的株距或撒播的苗距 2~3 厘米。当苗叶色变绿结合浇水每亩追施氮肥（N）3 千克（折合尿素 6.5 千克）。保持地表见干见湿。进入 10 月当苗高 30 厘米以上时可陆续收获上市。或于地表结冻时收获捆把冻藏，于冬季上市。

六、病虫害防治

（一）物理防治

前茬用葱蒜类地可防早疫病；采用 10~15 厘米高畦栽培，或雨后排水，防止大水漫灌可控制早疫病、斑枯病发生。

（二）药剂防治

保护地优先采用粉尘法、烟熏法，在干燥晴朗天气也可喷雾防治，注意轮换用药，合理混用。

1. 叶斑病

发病初期，使用 75%百菌清可湿性粉剂 600 倍液，或 50%多菌灵可湿性粉剂 600 倍液，7~10 天 1 次，连喷 2~3 次。

2. 细菌性疫病

发病初期，喷 77%氢氧化铜可湿性粉剂 500 倍液，7~10 天

1 次，连喷 2~3 次。

3. 蚜虫

用 1.8% 阿维菌素乳油 200 倍液，或 10% 吡虫啉可湿性粉剂 1 500 倍液防治蚜虫。

第六节　芹菜绿色生产技术

一、品种选择

选用优质、抗病、适应性广、实心的品种，如本芹类的津南实芹、津南冬芹、铁杆芹菜等，西芹类的高犹它、文图拉、佛罗里达 638 等。

二、用种量

每亩用种 80~100 克。

三、种子处理

将种子放入 20~25℃水中浸种 16~24 小时。

四、催芽

将浸好的种子搓洗干净，摊开稍加风干后，用湿布包好放在 15~20℃处催芽，每天用凉水冲洗 1 次，4~5 天后当 60% 种子萌芽即可播种。

五、育苗床准备

（一）床土配制

选用肥沃园田土与充分腐熟过筛圈粪按 2∶1 的比例混合均匀，每立方米加 N∶P_2O_5∶K_2O 为 15∶15∶15 三元复合肥 1 千克。将土铺入苗床，厚度 10 厘米。

（二）床土消毒

用 50%多菌灵可湿性粉剂与 50%福美双可湿性粉剂按 1∶1 混合，或 25%甲霜灵可湿性粉剂与 70%代森锰锌可湿性粉剂按 9∶1 混合，按每平方米用药 8～10 克与 4～5 千克过筛细土混合，播种时 2/3 铺在床面，1/3 覆盖种子上。

（三）其他

露地育苗应选择地势高、排灌方便、保水保肥性好的地块，结合整地每亩施腐熟圈粪 8 000～10 000 千克，磷酸二铵 20 千克，精细整地，耙平做平畦，备好过筛细土或药土，供播种时用。

为控制苗期杂草生长，可在播种前用 33%二甲戊灵乳油 125 毫升兑水后喷洒在畦面上。用药后立即耕锄 4～5 厘米深，使药与床土混合，搂平后作畦。

六、播种

（一）播种期

春芹菜 1 月中旬至 2 月中旬，夏芹菜 3 月下旬至 4 月下旬，秋芹菜 5 月下旬至 6 月下旬，日光温室芹菜 7 月上旬至 7 月下旬。

（二）方法

浇足底水，水渗后覆一层细土（或药土），将种子均匀撒播于床面，覆细土（或药土）0.5厘米。

七、苗期管理

（一）温度

保护地育苗，苗床内的适宜温度为15~20℃。

（二）遮阴

露地育苗，在炎热的季节播种后要用遮阳网。

（三）间苗

当幼苗第1片真叶展开时进行第1次间苗，疏掉过密苗、病苗、弱苗，苗距3厘米×3厘米，结合间苗拔除田间的杂草。

（四）水肥

苗期要保持床土湿润，小水勤浇。当幼苗2~3片真叶时，结合浇水每亩追施尿素5~10千克，或用0.2%尿素溶液叶面追肥。

（五）壮苗标准

苗龄60~70天，株高15~20厘米，5~6片叶，叶色浓绿，根系发达，无病虫害。

八、整地施肥

基肥以优质有机肥、常用化肥、复合肥等为主。在中等肥力条件下，结合整地每亩施优质有机肥（以优质腐熟猪厩肥为例）5 000千克、氮肥（N）4千克（折合尿素8.7千克）、磷肥（P_2O_5）4千克（折合过磷酸钙33千克）、钾肥（K_2O）7千克

（折合硫酸钾 14 千克）。耙后做平畦。

九、定植

（一）前茬
前茬为非伞形科蔬菜。

（二）定植期
春芹菜 3 月中旬至 4 月中旬，夏芹菜 5 月中旬至 6 月中旬，秋芹菜 7 月下旬至 8 月中旬，日光温室芹菜 9 月上旬至 9 月下旬。

（三）方法
在畦内按行距要求开沟穴栽，每穴 1 株，培土以埋住短缩茎露出心叶为宜，边栽边封沟平畦，随即浇水。定植如苗太高，可于 15 厘米处剪掉上部叶柄。

（四）密度
本芹类：春、夏芹菜每亩 30 000 ~ 55 000 株，行株距（13 ~ 15）厘米×（10 ~ 13）厘米；秋芹菜每亩 22 000 ~ 37 000 株，行株距（15 ~ 20）厘米×（20 ~ 25）厘米。

西芹类：每亩 9 000 ~ 13 000 株，行株距（15 ~ 20）厘米×（20 ~ 25）厘米。

十、定植后管理

（一）中耕
定植后至封垄前，中耕 3 ~ 4 次，中耕结合培土和清除田间杂草。缓苗后视生长情况蹲苗 7 ~ 10 天。

（二）浇水
浇水的原则是保持土壤湿润，生长旺盛期保证水分供给。定植 1~2 天后浇 1 次缓苗水。以后如气温过高，可浇小水降温，蹲苗期内停止浇水。

（三）追肥

株高 25~30 厘米时，结合浇水每亩追施氮肥（N）5 千克（折合尿素 10.8 千克）、钾肥（K_2O）5 千克（折合硫酸钾 10 千克）。

（四）温湿度

日光温度芹菜缓苗期的适宜温度为 18~22℃，生长期的适宜温度为 12~18℃，生长后期温度保持在 5℃ 以上亦可。芹菜对土壤湿度和空气相对湿度要求高，但浇水后要及时放风排湿。

十一、防治病虫害

（一）物理防治

挂银灰色地膜条避蚜虫，温室通风口处用尼龙网纱防虫。黄板诱杀白粉虱、蚜虫，用 20 厘米×20 厘米长方形纸板，涂上黄色漆，再涂一层机油，挂在高出植株顶部的行间，每亩 30~40 块，当黄板粘满白粉虱、蚜虫时，再涂 1 次机油。

（二）药剂防治病害

保护地优先采用粉尘法、烟熏法，在干燥晴朗天气也可喷雾防治，注意软换用药，合理混用。

1. 斑枯病

（1）烟剂熏棚：用 45% 百菌清烟剂，每亩 110 克分散 5~6 处点燃，熏蒸一夜，每 9 天左右 1 次。

（2）用 5% 百菌清粉剂，每亩用药 1 千克，7 天喷 1 次。

2. 疫病

发病初期，喷洒枯草芽孢杆菌 1 次，或 72% 霜脲·锰锌可湿性粉剂 800 倍液，7~10 天 1 次，连续 2 次。

3. 软腐病

（1）发现病株及时挖除并撒入石灰消毒，减少或暂停浇水。

（2）发病初期，喷洒 77% 氢氧化铜可湿性粉剂 3 000 倍液，7~10 天 1 次，连续 2~3 次。

（三）药剂防治害虫

1. 蚜虫

用 50% 抗蚜威可湿性粉剂 2 000~3 000 倍液，或 10% 吡虫啉可湿性粉剂 1 500 倍液，6~7 天喷 1 次，连续 2~3 次。

2. 蝼蛄

施撒毒饵防治：先将饵料（秕谷、麦麸、豆饼、棉籽饼或玉米碎粒）5 千克炒香，而后用 20% 氯虫苯甲酰胺悬浮剂 30 毫升拌匀，适量加水，拌潮为度，每亩施用 1.5~2.5 千克，在无风闷热的傍晚撒施。

第七节　蒲公英绿色生产技术

近年来，蒲公英以其较高的药用、食用和观赏价值，受到群众的喜爱。它适应性强，喜光、耐寒、耐热、耐瘠，抗病能力很强，在我国绝大部分地区都可生长。但受多种因素影响，蒲公英野生资源趋于枯竭。因此，发展人工栽培、满足群众需求势在必行。

一、繁育优良种子

（一）采集原种

已建立种植基地的企业或农户，可在 5 月中旬从 3 个以上长势旺、无病虫害的蒲公英地块进行采种；没有种植历史的农户和企业可在5月下旬至6月上旬，到地头、路边从至少3个不同的地方采集成熟的野生种子，或于9—11月挖取野生的种根，还可以到市场购置野生种根，翌年进行种子生产。自然采收的蒲公英种子发芽率不稳定，种植后田间会出现锯齿状、紫叶脉等不同类型，因此大面积规模生产应建立良种繁育基地。

（二）繁育良种

将选种田采集的蒲公英种子或从不同地方采集的野生种子，进行混合种植，到翌年的5月从混合种植的蒲公英田间采收优良种子，用于生产。混合种植的蒲公英繁种田可以连续3年采种，用于生产。

二、选地整地及施肥

蒲公英抗寒抗旱，对土地要求不高，但是对土层有要求，因其根茎扎根需要30厘米左右。每亩地要施底肥75千克左右，均匀撒在地上，选用氮磷钾（15-15-15）综合含量超过45%的复合肥，如果用有机肥需完全腐熟，然后旋耕机旋耕20厘米左右，如果是荒地需要年前粉碎杂草，过完年旋耕至少2次，然后搂成3米左右的灌溉畦。平整完土地浇底墒水，底墒水要浇透。

（一）播种

1. 种子处理

第一步，将从繁种田采收来的蒲公英种子，先用风车除去杂质，过漏筛去除干瘪、小粒秕种子，然后除利用种子色选机，选出色泽光丽、健康的种子；第二步，将色选后的蒲公英种子和草木灰混拌均匀，边拌边向草木灰上喷水，草木灰、种子、水按

1∶4∶1.5 的比例配比，即一般每份草木灰拌 4 份蒲公英种子，在其上喷洒 1.5 份的水，然后堆放 3~5 天，堆放期间要每天翻堆 1~2 次，防止高温发芽，掌握环境温度不高于 18℃，堆温不高于 15℃。然后将种子筛出来晒干，以备播种。

2. 播种

春、夏、秋均可播种。大的地块采用拖拉机带播种机机械播种，亩用种 2~3 千克，播种深度为 1 厘米左右；或采用人工手推车播种，也可采用人工手撒播种，先在畦面上按行距 25 厘米开浅沟，种子播下后，覆土 0.5~1 厘米，播种完需要轻度镇压，然后浇水。亩需用种 1.5~2 千克。

(二) 田间管理

1. 间苗、定苗

蒲公英出苗一般在 4~7 天，10 天出苗率 100%。以收叶为主的，不用间苗；以收根为主的，一般在出苗后 10 天左右进行间苗，株距 2~3 厘米，在幼苗高 10 厘米或 3~4 叶时进行定苗，行距 25 厘米，株距 5 厘米。

2. 中耕除草

种子直播地块，幼苗出齐后进行第一次浅锄，以后每 10~15 天中耕除草 1 次，直到封垄为止。封垄后杂草可人工拔草，保持田间土壤疏松无杂草。

3. 水肥管理

当苗长到 10 厘米左右追肥，亩追尿素 10~15 千克，追肥后及时浇水。一般播种后 70 天左右，蒲公英长到 40 厘米左右收获第一茬蒲公英叶子，不同地区及不同地理条件，收获的次数可能不一样，一般无霜期在 230 天以上，全年可收 4~5 次，第一次收获结束后，夏秋季温度较高时，基本一个月可收获 1 次。

4. 病虫害防治

蒲公英适应性强，抗病能力很强，较少发生病虫害，人工栽植后由于改变了其生态环境，偶有叶枯病、白粉病、褐斑病发生。

蒲公英一般在 3 月中下旬气温达到 18℃左右播种，第一茬叶子一般在 5 月中下旬收获，蒲公英的常见病害叶枯病、白粉病、褐斑病主要发生在 6 月下旬到 7 月上旬，此时正是蒲公英第二茬旺盛生长时期，一般此时蒲公英第二茬叶片长到约 20 厘米长时，由于气温快速升高，导致病菌萌发危害叶片。田间管理发现点片发生时，及时割除发病田地上部，破坏病菌发生的环境条件，并及时大水浇灌，促进下茬快速生长，通过调节收获时期和实施农业措施，有效抑制病害发生，达到控害目的，实现绿色生产。

蒲公英的主要害虫是蚜虫，一般采取黄板诱蚜，可有效控制蚜虫发生，一般每亩需要黄板 25~30 张。

三、收获与加工

(一) 采收

以叶片作药用的，当蒲公英长到苗高 40 厘米左右时收获，采用人工收割或者机器收割，收割时地上部分留 1 厘米。

(二) 加工

采收后的蒲公英叶子，摊薄层放在晾晒场晾晒或者直接烘干，烘干温度不能高于 65℃。经过加工的蒲公英呈皱缩卷曲的团块。叶色绿褐色或暗灰绿色，叶片多皱缩破碎，完整叶片呈倒披针形，先端尖或钝，边缘浅裂或羽状分裂，基部渐狭，下延呈柄状，下表面主脉明显。花茎1至数条，每条顶生头状花序，总苞片多层，内面一层较长，花冠黄褐色或淡黄白色。有的可见多数具白色冠毛的长椭圆形瘦果。气微，味微苦。按2020年药典规定，水分不得过13.0%。按干燥品计算，含菊苣酸不得少于0.45%。

第五章　根茎芽类蔬菜绿色生产技术

第一节　胡萝卜绿色生产技术

一、品种选择

春胡萝卜选用优质、耐抽薹、高产的品种，如红蕊4号；秋胡萝卜选用优质、高产的品种，如新黑田五寸参和当地优良农家品种等。

二、用种量

每亩用1~2.5千克。

三、种子处理

多采用干籽直播，播前搓去种子上的刺毛，整理干净，稍加晾晒后即可播种。如浸种催芽，可在35~40℃温水中浸种2~3小时，捞出洗净后用湿布包好，放在25~30℃处催芽，每天冲洗1次，3~4天后60%种子萌芽时，即可播种。

四、播种前准备

（1）前茬为非伞形科蔬菜。

（2）整地施肥，要选择土层厚肥沃、排灌方便、土质疏松的砂壤土或壤土。施肥品种以优质有机肥、常用化肥、复混肥等为主。在中等肥力条件下，结合整地每亩施优质有机肥（以优质腐熟猪厩肥为例）4 000千克、磷肥（P_2O_5）5千克（折合过磷酸钙42千克）、钾肥（K_2O）5千克（折合硫酸钾10千克），深耕25~30厘米，耙平后作畦。

五、播种

春胡萝卜播种期在3月中旬至4月上旬，秋胡萝卜在7月中旬至8月上旬。播种方式有撒播或条播。撒播即将种子（可与湿沙混合）均匀撒播于畦面。条播即按行距15~18厘米在畦内划沟，顺沟播种。覆土厚度1~1.2厘米，压实后浇水。

六、田间管理

（一）间苗、中耕除草

间苗2次。第一次在1~2片真叶时，去掉小苗、弱苗、过密苗，苗距3厘米；第二次间苗（定苗）在4~5片真叶时，苗距8~10厘米。间苗后要浅中耕，疏松表土，拔除杂草，至封垄前浇水后或雨后还要中耕2~3次。中耕结合培土。

（二）浇水

出苗前保持土壤湿润，齐苗后土壤见干见湿。春播胡萝卜播种后覆盖地膜，出苗后撤膜，苗期控制浇水，勤锄划，以保墒增温。叶部生长旺盛期适当控制浇水，加强中耕松土，视生长情况，如长势过旺，可蹲苗10~15天；肉质根膨大期保持土壤湿润，保证水分供应，适时适量浇水，雨后排出田间积水，防止因水量不匀而引起裂根和烂根。

（三）追肥

叶部生长旺盛期长势弱可在定苗后，结合浇水每亩追施氮肥（N）4千克（折合尿素8.7千克）；肉质根膨大期每亩追施钾肥（K₂O）5千克（折合硫酸钾10千克）。

七、药剂防治病虫害

（一）病害防治

药剂防治病害，注意轮换用药，合理混用。

1. 黑斑病

用64%噁霜灵可湿性粉剂600~800倍液，或50%甲霜·锰锌可湿性粉剂500~800倍液，或50%异菌脲可湿性粉剂1 500倍液，10天左右1次，连续防治3~4次。

2. 黑腐病

防治方法同黑斑病。

3. 灰霉病

发病初期，喷施50%异菌脲可湿性粉剂1 500倍液，或50%腐霉利可湿性粉剂2 000倍液，或50%甲霜灵可湿性粉剂800~1 500倍液。

4. 菌核病

防治方法同灰霉病。

5. 细菌疫病

发病初期，喷施77%氢氧化铜可湿性粉剂800倍液，7~10天1次，共防2~3次。

6. 花叶病

发病初期，用5%辛菌胺乙酸盐水剂400倍液，或8%宁南霉素水剂1 000倍液，或0.5%香菇多糖水剂300～500倍液喷雾。

（二）虫害防治

1. 甜菜夜蛾

对初孵幼虫喷施5%啶虫脒乳油2 500～3 000倍液，或用10%虫螨腈乳油1 500倍液喷雾。晴天傍晚用药，阴天可全天用药。

2. 根蛆

在成虫发生期可用2.5%氯氟氰菊酯乳油3 000倍液，或2.5%溴氰菊酯乳油3 000倍液喷杀，7天1次，连喷2～3次。幼虫发生期每亩用20%噻虫嗪悬浮剂1 000毫升随浇水灌根。

八、采收

当肉质根充分膨大，部分叶片开始发黄时，适时收获。

第二节　马铃薯绿色生产技术

马铃薯是我国重要的粮食作物和经济作物，有着种植范围广、营养价值高的特点。随着经济的不断发展，其市场需求量也变得越来越大，因此，应不断完善马铃薯的种植技术，以实现马铃薯高产量、高质量发展。

一、马铃薯种植技术要点

（一）科学选种

马铃薯科学选种是保证马铃薯种植工作顺利开展、提高马铃薯产量和质量的基础。在马铃薯种植之前，要科学地选择合适的马铃薯品种。要遵循因地制宜的原则，充分考虑种植区域的气候、土壤、降水量等条件。还可以选择无毒或者是脱毒的马铃薯品种，这种类型的马铃薯抗病能力较强，可以有效抵抗在生长过程中所受到的病虫侵害，进而保证马铃薯的高产量和高质量。

（二）优化播种和催芽技术

在进行播种和催芽工作时，要对马铃薯种植环境以及自然条件等因素进行充分的考虑，进而保证马铃薯种植工作的顺利开展。一方面适时播种是保证马铃薯种植健康生长的重要条件，对于马铃薯的播种过程，要进行严格的把控，例如，定期检测土壤温度、含水量等条件，保证马铃薯具有稳定的种植空间。另一方面，催芽工作是保证马铃薯质量的关键途径，在进行催芽工作前，要优先挑选外观完整、表皮光滑、无病虫侵害的马铃薯块；在催芽工作进行的过程中，还要对马铃薯块进行实时监测，确保后续工作可以顺利进行。

（三）合理规划种植区域

在马铃薯种植之前进行合理的种植区域规划工作，可以保证马铃薯拥有更为适宜的种植环境。一方面，要根据实际种植情况来选择合适的种植区域，例如，在河北省张北地区，可以选择砂壤土来作为种植马铃薯的主要区域，砂壤土抗旱能力强，并且具有土质较轻、土层深厚、疏松肥沃、通透性好等优势。另一方面，由于马铃薯根须的穿透能力较差，因此在种植之前要进行整地工作，保证种植区域土壤疏松，让马铃薯的块茎在土壤中得到更好的生长空间。

二、提高马铃薯产量的措施

（一）合理灌溉

马铃薯在生长过程中需要非常多的水分，因此，要想保证马铃薯高产，就要根据马铃薯的生长规律，来对其进行合理的灌溉工作，进而保证马铃薯的高效生长。例如：在东北地区种植马铃薯的时间是春季，该区域春季降水较少且风沙较大，因此在该时期，要增加对马铃薯的灌溉次数；而到了夏季时，该区域降水较多，且空气中含水量较大，要根据实际气候调整灌溉量。除此之外，在对马铃薯进行灌溉的过程中，可以在水中加入一些有机肥溶液，这样就能在补充水分的同时，为马铃薯植株提供更多的养分，从而保证马铃薯的品质。

（二）加强肥水管理

肥水的施用是保证马铃薯高产高效的关键因素，马铃薯在生长的过程中，对于肥水的需求量也相对较大。因此在马铃薯的种植过程中，要根据合适的时机进行科学的肥水施用，才能从根本上保证马铃薯高产高效。要充分考虑马铃薯的生长规律，并对马铃薯的植株生长情况进行实时把控。在马铃薯的生长发育期间，不能施用过量的肥水。在开花前进行追肥，可以追施氮肥、钾肥以及复合肥，并在施肥之后马上进行浇水。此外，要做好田间管理工作，确保马铃薯植株整个生长时期都有充分的养分。

（三）加强病虫害防治

病虫害是严重影响马铃薯产量和质量的重要因素，因此，必须要加强对马铃薯病虫害的防治工作。一方面，要在病虫害发生之前进行预防，采用化学防治和物理防治相结合的预防措施，最大限度地降低马铃薯植株发生病虫害的概率。另一方面，要对生长环境以及马铃薯种植进行定期的检查，一旦发现病虫害要及时防治，以免病虫害蔓延，导致整个区域的马铃薯植株受到影响。

第三节 芦笋绿色生产技术

一、品种选择

好的芦笋品种有如下特点：植株抗性强，嫩茎抽生早、数量多、肥大、上下粗细均匀、顶端圆钝而鳞片紧密，在较高温度下笋头也不易松散，见光后笋头呈淡绿色，采收绿笋的嫩茎见光后呈深绿色。

二、育苗

（一）时间

芦笋的播种期因各地气候条件而异，一般露地在终霜后播种育苗。

（二）场所

露地育苗，选排水、透气良好的砂质壤土，易发苗、起苗。

（三）苗床准备

将苗床地深翻 25 厘米左右，每亩施优质腐熟基肥 5 000 千克，与土混匀，整平作畦，畦宽 1.2~1.5 米、长 10~15 米。

（四）种子处理

1. 浸种

先用清水漂洗种子，再用 50% 多菌灵可湿性粉剂 300 倍液浸种 12 小时，消毒后将种子用 30~50℃ 温水浸泡 48 小时，期间每天换 1~2 次。

2. 催芽

用干净温布包好，在 25~28℃ 环境中催芽，每天用清水淘洗 2 次，当种子 20% 左右露芽时，即可进行播种。

3. 播种

播种前浇足底水，按株行距各 10 厘米划线，将催好芽的种子单粒点播在方格中央，用细土均匀盖 2 厘米即可。

（五）播后管理

（1）播后防蝼蛄、蛴螬等害虫，可用 20% 氯虫苯甲酰胺悬浮剂 30 克，兑水拌入 5 千克麦麸，撒施田间防治。

（2）幼苗出齐后及时清除杂草，苗期每平方米用三元素复合肥 1.5 千克，撒施后浇水。

三、定植

整地施肥，选苗分级。定植苗标准：苗高 30 厘米，有 3 条以上地上茎、7 条以上地下贮藏根。

栽时将幼苗地下茎上着生鳞芽的一端按沟的走向排列，以便以后抽出嫩茎的位置集中在畦的中央，而利于培土，将幼苗的贮藏根均匀展开，盖土稍压，浇水后再松土 5~6 厘米，定植后从抽生幼茎时开始每隔半个月覆土 1 次，每次 3~5 厘米，最后使地下茎埋在畦面下约 15 厘米处。

四、病害防治

（一）茎枯病

（1）冬前彻底清园，烧毁病株残体，压低初侵染菌源量。

（2）推行配方施肥，多施有机肥，增施钾肥，注意中耕除草，抗旱排涝。

（3）发病地块每 7 天左右用 25%吡唑醚菌酯悬浮剂 800 倍液，5%苯醚甲环唑超低容量液剂 600 倍液交替喷施。

（二）褐斑病

用 25%吡唑醚菌酯悬浮剂 800 倍液，或 40%多菌灵可湿性粉剂 400 倍液防治。

（三）根腐病

增施有机肥，增强植株抗病能力，发现病株及时挖出，并用 20%石灰水灌病穴或用 70%敌磺钠可湿性粉剂进行土壤消毒。笋田做好排水工作可减轻病害发生。可向根部喷洒 5%苯醚甲环唑悬浮剂 800 倍液。

五、虫害防治

（一）小地老虎、蝼蛄、蛴螬、金针虫、种蝇

（1）认真清园，彻底清除杂草，严禁施用未充分腐熟的有机肥。

（2）早春在成虫活动期间用黑光灯或糖醋毒液进行诱杀。

（3）用 20%氯虫苯甲酰胺悬浮剂 50 克加水拌 5 千克麦麸撒施田间防治。

（二）芦笋木蠹蛾

人工抓茧除蛹，利用成虫的趋光性和趋化性，进行灯光诱杀和糖醋液诱杀，将萎蔫植株拔出，消灭幼虫。

六、采收

（1）采收白笋于每天早晨巡视田间，发现土面有裂缝，即可扒开表土，按嫩茎的位置插入采笋刀至笋头下 18～20 厘米处割断，不可损伤地下茎及鳞芽，采收后的空洞应立即用土填平。

（2）采收绿笋于每天早上将高达 21～24 厘米的嫩茎齐土面割下。

参考文献

成卓敏，2008. 新编植物医生手册［M］. 北京：北京化学工业出版社.

李玉，赫永利，1993. 庄稼医生实用手册［M］. 北京：北京农业出版社.

刘冰江，2014. 大蒜高效栽培［M］. 北京：北京机械工业出版社.

马会国，杨兆波，2006. 无公害标准化生产技术［M］. 北京：中国农业科学技术出版社.

王雪，2020. 绿色蔬菜生产技术［M］. 北京：中国农业科学技术出版社.

杨志刚，1989. 天鹰椒栽培与产品加工技术［M］. 天津：天津科学技术出版社.

中国绿色食品发展中心，2019. 绿色食品申报指南：蔬菜卷［M］. 北京：中国农业科学技术出版社.